사랑하기,
존중하기,
기다리기

사랑하기,
존중하기,
기다리기

펴 낸 날 2018년 10월 26일

지 은 이   박 현
펴 낸 이   최지숙
편집주간   이기성
편집팀장   이윤숙
기획편집   최유윤, 이민선, 정은지
표지디자인 최유윤
책임마케팅 임용섭
펴 낸 곳   도서출판 생각나눔
출판등록   제 2008-000008호
주   소   서울 마포구 동교로 18길 41, 한경빌딩 2층
전   화   02-325-5100
팩   스   02-325-5101
홈페이지   www.생각나눔.kr
이 메 일   bookmain@think-book.com

• 책값은 표지 뒷면에 표기되어 있습니다.
  ISBN 978-89-6489-900-7 03590

• 이 도서의 국립중앙도서관 출판 시 도서목록(CIP)은 서지정보유통지원시스템 홈페이지
  (http://seoji.nl.go.kr)와 국가자료공동목록시스템(http://www.nl.go.kr/kolisnet)에서
  이용하실 수 있습니다(CIP제어번호: CIP2018032291).

사랑하기,
존중하기,
기다리기

내겐 너무 어려운 3가지 육아 원칙
그러나 꼭 해야 할 3가지 육아 원칙

나는 평범해서 책을 쓰기로 했다.

이 이야기는 육아가 아닌 나의 이야기다.
준비 없이 임신했고 나름 노력했지만
이렇다 할것 없이 의미 없는 하루하루가 지나갔다.
시간이 지나 멋모르고 시작된 육아를 천천히 들여다보니
모든 일에 서툴러 짜증과 화만 남은 내가 보였다.
지금 대단한 어른은 아니지만
가족들이 없었다면 끊임없이 흔들리는 사람이었을 것이다.

나는 직장 생활 1년을 제외하고 6년이란 시간을 온전히 아이와
함께했다.
'오늘은 이 아이와 무엇을 하며 하루를 보낼까?'
로 시작된 하루가 모여 한 달이 되고 7년이 되었다.
아이와 구르고 고군분투하며 지낸 시간들을 남겨둬야겠다는 생
각이 들었다.
나 같은 사람도, 나처럼 애 키우는 집도 있다.

아들 하나 키우는 것이 왜 그리도 힘이 드는 건지.

어차피 이 세상 맘대로 안 되니 내 아이라도 소신껏 키워보자 생각했다.

아이를 키우면서도 아이를 키운다는 것이 어떤 것인지 몰라서 어려웠고 서러웠다.

'잘' 키우고 싶다는 열정 가득해서 여기저기 기웃거렸다.

어제는 알았는데 오늘은 모르겠는 그 모호함이 걱정되고 불안했다.

이건 정답 없어 하며 넘겼고 넘기고….

분명 내 아이인데 어제와 오늘이 다르고 내일도 그럴 것만 같았다.

시간이 지나면 괜찮아질 거라고 안심하려 노력했지만, 생각보다 빨리 아이가 커가는 모습을 보니 두려웠다.

나만 이런 거냐고 묻고 싶었다.

애가 걸음마 시작할 때 즈음 주변 또래들이 하나둘 어린이집을 가기 시작했다.

애가 뛰어다니고 사방팔방 호기심으로 움직일 때 즈음 주변 또래들은 학원을 등록하거나 학습지를 시작했다.

'카더라'라는 소문만 믿기에는 내가 가진 정보도 믿음도 없었다.

그래서 육아서적을 보며 꾹꾹 눌러 담았다.

그것만은 할 수 있을 것 같았다. 그냥 그게 제일 쉬웠다.

남편과 공유하고 상의하며 우리만의 원칙과 철학을 만들기 시작
했다.
내게 맞는 육아 방법은 무엇인지 우리 가족, 주 양육자인 나와 아
이에게 맞는 것이 어떤 것인지 찾아 나섰다.

'일단 해보고 아님 바꾸면 되지.'

가벼운 마음으로 시작해 행동으로 옮긴 시간들이 그렇게 쌓여 우
리 아이가 되었다.
맘·키즈 산업은 갈수록 편리해져 가고 육아 정보와 팁, 다양한
아이템들이 넘치는 풍족한 시대에 살고 있지만 정작 엄마들의 고
민은 따로 있다. 우리의 육아가 힘든 이유는 남다른 아이를 키우
려 애쓰다 지쳐서가 아니다.
'소신'이 없어서다.
소신의 사전적 의미는 "굳게 믿고 있는 바, 또는 생각하는 바"라
고 되어있다.
아이를 키우면서 원칙 없이, 기준 없이 육아하기 때문이다.

이 책은 소신을 가지려 애쓰고 애쓴 우리 부부의 이야기.
부족함 투성이에 모험하는 우리 가정의 무모한 이야기.
유치원, 사교육 없이 자란 아이 주원이의 이야기이다.

그 누구도 아닌 자기 걸음을 걸어라.
나는 독특하다는 것을 믿어라.
누구나 몰려가는 줄에 설 필요는 없다.
자신만의 걸음으로 자기 길을 가거라.
바보 같은 사람들이 무어라 비웃든 간에.

– 영화『죽은 시인의 사회』–

part 3

진정한 '엄마표'의 의미

part 4

내 아이를 더욱 내 아이답게

■ 에필로그

신은 인간에게 선물을 줄 때
시련이라는 포장지에 싸서 준다.

− 딕 트레이시 −

● ● ● ● ● ● ● ● ● ● ● ● ● ● ● ● ● ● ● ●

part 1

육아 아닌
육아

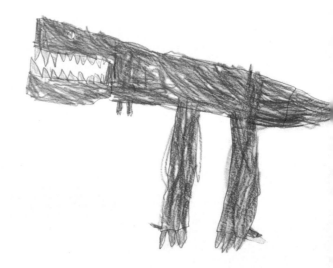

1
출산은
축복?

이제 와서 하는 이야기지만 우리는 딸을 원했다.

자녀계획 할 당시 아이를 하나만 낳는다면 딸이 좋겠다는 게 우리 부부의 생각이었다. 생명의 건강한 탄생보다 성별이 더 중요했던 철없는 부부의 계획이었다. 결혼한 지 3년째가 되어 가는데 아기 소식은 없었고 점점 초조해지던 어느 날 매우 졸리고 몸살인 날들이 계속되었다. 나의 예민함으로 몸의 다름을 느낄 수 있었다. 2011년 1월 임신 초기임을 확인하게 되었다. 갑작스러운 첫 임신이라 기쁨보다 얼떨떨했다. 만삭이 되기까지도 내가 곧 분만한다는 사실이 도통 실감 나지 않았다.

34주. 속옷에 작게 피가 비쳤다. 분만 공포증 때문에 출산의 고통을 조금이라도 줄여보고자 매일 걸어 다녔더니 배 뭉침이 가끔 있긴 했다. 산부인과 진료를 봤다. 태동기를 달고 아기 상태를 체크하고 링거를 꽂고 나는 그날부터 환자가 되어버렸다. 배 뭉침은 배에서부터 시작해 내 몸 전체가 구겨지는 것 같은 느낌을 반복했다. 내 옆 환자는 제왕절개 후 마취가 서서히 풀려 가고 있는 중이었다. 위로 첫째 딸, 둘째 딸을 낳았고 이번에 셋째, 넷째를 쌍

둥이 딸로 출산한 산모였다. 시어머니는 오지 않고 친정어머니는 신생아실만 잠깐 들렀다고 하는데 산모의 말에 서러운 사무침이 느껴졌다. "둘 중 하나만 달고 나오지…. 좀 달고 나오지…." 산모가 중얼거렸다. 나는 처음에 딸인 줄 알았다가 아들임을 확인하고 울어버렸는데 말이다. 산부인과 병동의 풍경이었다. 움직일 수 없는 귀한 몸이 되어 친정엄마와 남편의 돌봄을 받으며 며칠 후 퇴원했다.

그리고 37주 양수가 터졌다.

아기 만날 기쁨? 마음의 준비?

나름 동영상 보고 교육도 받고 준비되었다고 생각했으나 그저 초조할 따름이었다.

'아기는 준비된 걸까? 아직 더 있어도 괜찮은데….'

미안한 마음으로 출산의 여정이 시작되었다. 병원 침대에 누우니 새벽 5시. 담당의가 푸시시 한 얼굴로 내진을 시작한다. 한참 더 있어야 한다고 쉬고 있으란다. 뒤이어 이어지는 순서들로 출산이 점점 실감 나기 시작했다. 자극을 받은 건지 관장 후 갑자기 자궁문이 빠르게 열리기 시작했다. 규칙적인 통증이 찾아오고 그 간격이 좁아졌다. 간호사들의 바쁜 움직임으로 출산이 임박했음을 알 수 있었다. 규칙적이어서 무서웠던 통증. 어김없이 찾아오는 통증의 고통스러움.

2011년 8월 24일 11:56 2.54kg, 그렇게 아들과 처음 만났다. 번쩍 부릅뜬 눈, 젖은 얼굴, 쭈글쭈글 생물 같은 빨간 살갗. 낯선 모습에 좀처럼 말이 나오지 않다가 '안녕, 아가야.'라는 말을 했던 것 같다.

병원과 연계된 산후조리원은 산모 사용설명서 같다고 해야 할까. 휴식과 더불어 아기를 위한 산모의 몸을 만들기 시작한다. 산모들이 집착하는 초유와 직수, 유축량, 완모 그 사이에서 나는 죄인이 되어야 했다. 젖병에 담긴 노란 초유를 흔들며 당당히 신생아실로 향하는 엄마들…. 젖이 돌지 않아 분유 먹는 내 아기. 참으로 우울했다. 왜 나는 출산과 동시에 모유를 먹일 수 있다는 생각을 당연시한 걸까. 마사지 받으면서 조금씩 젖이 나오기 시작했고 애가 젖을 먹든 안 먹든 일정한 시간 간격으로 수유했다. 밤에는 한 방울 한 방울 눈물겹게 유축해서 신생아실로 내려갔다. 기쁨보다 무거움과 책임이 나를 짓눌렀다. 지금 생각하면 그냥 편하게 분유 수유하면 될 일이었지 생각하곤 하지만 작은 아기를 보는 초보 엄마의 마음은 얼마나 괴로웠을지 이해가 간다. 젖을 먹이는 일이 가장 큰 일과였고 그것을 위해 맞춰진 조리원 생활. 가장 중요한 일이기는 하지만 준비가 되어있지 않았던 걸까. 여자의 일생 중 가장 편한 시간이라는 조리원 생활은 너무 힘들었다. 잠이 오지 않았고 답답했다. 그저 아기를 보러 가는 시간이 되길 기다리다 청소하는 한 시간 방에 데려오는 것이 낙이었다. 나는 산후우울증을 빨리 겪고 있었다.

입실 일주일도 되지 않아 친정집으로 주원이를 데리고 갔다. 이튿날 새벽 친정엄마가 나를 깨웠다. 주원이는 처져서 먹지도 않고 잠만 잤다. 동네병원에서는 너무 어린데 열이 난다고 대학병원에 소견서를 써줬다. 갓난아기가 응급실을 통해 몇 가지 검사를 받고 입원했다. 주원이는 대학병원에서 가장 어린 환자였다. 검사 후 4시간 동안 금식이라 했다. 생후 10일 정도 된 아기가 입이 마르도록 울었다. 나는 넋이 나갔다. 식구들은 할 말을 잃었다. 신생아도 아플 수 있다는 것에 대해 한번도 생각해 본 적 없었다.

'건강하게 태어난 아기가 아플 이유가 뭐지?'
'지금 내가 여기서 뭐 하고 있는 거지?'
'내가 큰 죄를 지었나?'

출산은 축복이라 한다. 한 생명이 우리에게 왔고 가족 구성원이 되었다. 그 자체가 기쁨인데 우리는 왜 이렇게 슬프고 아픈 걸까. 질문은 많은데 그 어떤 답도 낼 수 없었다. 내가 당장 할 수 있는 일이라고는 기도와 아기를 달래는 것 뿐이었다. 하루가 지나가고 세균 배양 후 결과를 기다리느라 며칠이 지나서 퇴원했다. 친정엄마는 몸져누워 버렸다.
이제 진짜 육아가 시작되었다. 여전한 젖과의 전쟁, 젖몸살로 친근해진 양배추, 분유를 거부해서 유두에 피가 나지만 울며 젖을 먹여야 했다. 서서히 등짝 센서 작동하기 시작해 낮잠 밤잠 제대로 잘 수 없었다. 나는 몸조리도 못 한 채 잠과 싸우며 너덜너덜해져 갔지만 행복했다. 이제부터 엄마와 아기의 자리를 찾고 싶었다. 어렵게 시작하는 육아의 길에서 서로 다른 너와 내가 자리 잡고 같은 길을 걸어가고 싶었다.

이제 출산이 축복인지 아닌지 궁금하지 않다. 내게 소중하고 감사한 것은,

다른 곳이 아닌 집에서 너와 함께 있을 수 있다는 것,

네 작은 주먹에 내 손가락 끼워볼 수 있다는 것,

곤히 잠든 네 머리카락 쓸어보며 미소 지을 수 있다는 것,

편안하게 목욕물 받아 목욕시킬 수 있다는 것,

어떻게 해야 더 잘 먹을까 푹 잘 수 있을까 신생아다운 고민할 수 있다는 것이 행복이란 것을 알게 되었을 뿐이다.

초보 맘들의 관심사인 100일의 기적과 기절[1]. 누가 더 기적인지 누가 더 기절인지 재미있는 사연이 많다. 기적은 같은 패턴, 일정한 시간 간격으로 잘 자고 잘 먹고 잘 놀아서 기적인 것이 아니다. **30분마다 깨고 깨작거리며 먹고 까칠할지라도 건강하게 내 옆에 있는**

---

1 100일 전후로 신생아들에게 나타나는 패턴과 행동. 밤낮의 구분, 잘 먹고 잘 자는 등 패턴과 행동에 따라 기적 또는 기절로 나뉘는 엄마들의 표현.

것, 엄마와 '까꿍!' 할 수 있는 내 아이가 있다는 것이 정말 기적이다. 그렇게 네가 내 옆에 있어서 기적이다. 하수 엄마는 내 아이의 기적과 기절이 중요하다. 그래서 그것만 찾아다닌다. 그러나 고수 엄마는 어떻게 아기와 더 많은 시간을 가지며 교감할까 궁리한다. 행복한 육아의 시작과 차이는 여기서부터이다. 최신 육아용품과 장난감, 교구에 있는 것이 아니다.

💐 탄생 직후, 빨갛고 작은 아이가 태어나자마자 눈을 번쩍 뜨고는 두리번거렸다.

인생은 언제나 당신에게 두 번째 기회를 주고 있다.
우리는 그걸 내일이라 부른다.

- 서양 격언 -

먹고, 자고, 놀고

돌 즈음 되니 또 다른 관심사인 이유식.

분유를 안 먹는 아이니까 대박 이유식을 만들어 야무지게 먹여야겠다는 비장한 마음으로 이유식기 브랜드로 진작 장만해 놓고 이유식 블로그, 책, 후기 샅샅이 검색 후 저장해 본다. 나도 먹어본 적 없는, 어디서 파는지도 모르는 유기농, 무기농, 무농약 친환경 재료들로만 장을 본다. 그러나 수고함에 비해 잘 안 먹는다.

초기 이유식이니까 아무래도 생소하겠지. 그래 이해한다. 다양한 구성도 아니고 간이 안 되어 있으니까 잘 안 먹을 수 있겠다 생각했다. 서운한 마음 애써 누르며 중기 이유식으로 힘차게 넘어가 본다. 입으로 들어가는 양보다 버리는 양이 많아질 즈음 주원이는 그날 그러면 안 되는 거였다. 나도 그래서는 안 되는 거였다. 그날따라 애도 나도 기분 좋지 않은 상태에서 안 먹고 징징거리기만 하니 내 인내심이 바닥을 드러냈다. 그렇게 먹기 싫은 이유식 먹지 말라며 바닥으로 던져버리고 애는 바닥에 나뒹구는 음식을 가리키며 울고 나도 울고. 이게 무슨 짓인가 싶었다. 먹는 걸로 이렇게 하면 안 되는 거였는데….

'도대체 이게 뭔데 우리를 힘들게 해?'

그날 후로 나는 스스로 못 박아 두었던 이유식을 놓아 주었다. 직접 만들어야 한다는 것에 대해 편안해지기로 했다. 만들면서 시판 이유식 병행해 먹였다. 힘들지 않을 정도로 적당히 했다. 모든 것을 내가 해야만 한다고 생각했고 결과에 따라 속상해했다. 그러나 이젠 그 마음에서 벗어나고 싶었다. 장이 반으로 줄어드니 편했다. 가슴 한 켠 아이에게 미안한 마음과 작별했다. 모두가 편해지고 싶었다. 숟가락이 바닥을 긁는 소리가 날 때까지(많지 않았지만) 먹어주는 날이면 나의 가장 중요한 할 일이 끝난 것처럼 후련했다. 성향 자체가 워낙 입이 짧고 뱃고래가 작은 아이였다. 나는 육아 사전에 있는 아이가 아닌 내 아이에 대해 조금씩 알아가는 중이었다.

✘ 먹는 것보다 놀고 싶은 주원이.
네가 그럴수록 속이 타는 나.

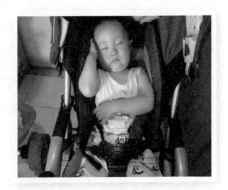

✘ 유모차의 가장 큰 기능은 침대라는 사실.

모유 수유로 잠들고 밤중 수유까지 하니 잠다운 잠을 잘 수 없었다. 자주 깨어도 젖만 물리면 다시 잠들어버리니 그토록 고생했던 젖의 도움으로 그나마라도 잘 수 있었다. 낮잠이 길어야 30분 정도이니 낮에 아무것도 할 수 없다. 그냥 바닥에 누워 잠들면 얼마나 좋을까. 유모차를 흔들어주거나 아기 띠로 안아주어야 잠이 든다. 유모차에 태워 잠이 든 상태로 놔둬야 하고 아기 띠로 안고 잠이 들면 내려놓다 다시 안아 재우기를 반복했다. 우리 둘이 나란히 누워 잠들고 깨면 얼마나 좋을까. 언제까지 이렇게 재워야 하는 걸까.

이맘때쯤 아이들은 호기심투성이라 오감으로 느끼고 받아들인다. 엄마 역시 그 호기심이 반갑고 한창 아주 예쁠 때라 피곤해도 적극적으로 반응해 준다. 단순한 놀이를 반복해 하며 얼마나 즐겁고 재미있게 노는지, 난 이미 지친 지 오래지만 함께해도 즐겁고 지켜봐도 즐겁다. 모든 자연과 세상이 우리 아이를 위해 존재하는 것만 같다. 길가에 민들레꽃도 내 아이의 친구 같고 굴러다니는 돌멩이조차 존재 이유가 있는 것 같다. 아이는 온몸으로 놀고 있었다. 그 맑은 눈에 세상을 담아가는 아이가, 같은 장난감으로 다른 놀이를 하는 아이가 있어서 자랑스러웠다.

먹기, 자기, 놀기. 이 3종 세트에 엄마들은 울고 웃는다. 이 개월 수 아기 엄마들의 가장 주된 관심사로 3시간도 거뜬히 대화 가능하다. 이 정도 개월 수이면 이 정도 먹어줘야 하고 자 줘야 하고 이 정도 놀아야 하고 성장 발달표에 맞게 크고 있음을 확인해야 하고 그래야 좋은 엄마가 된 것 같다.

그 '이 정도'의 기준이 대체 뭘까?

그게 뭐길래 나의 기분을 좌지우지하며, 아이를 바라볼 때 온전한 눈보다 걱정의 눈으로 바라보게 하는 건지. **아이의 고유한 성향, 기질을 '이 정도'에 맞추면 정말 엄마의 걱정은 없어지는 걸까. 나는 좀 더 편해지는 걸까.**

한정된 시간을 다른 사람의 삶을 사느라
자신의 시간을 허비하지 마라.
과거의 통념, 다른 사람들이 생각한 결과에
맞춰 사는 함정에 빠지지 마라.
다른 사람들의 견해가
자기 내면의 목소리를 가리는
소음이 되게 하지 마라.

가장 중요한 것은,
내 마음과 직관을 따라가는 용기이다.
계속 갈망하라, 여전히 우직하게.

– 스티브 잡스 –

3

태어나면서부터
경쟁

아가씨 시절, 나 중심으로 세상이 돌아갔고 내 생각, 내 목소리가
중요했다. 누가 뭐래도 상관없는 내 세계가 있었다. 하지만 아기를
낳고 나니 상황은 예상치 못하게 흘러갔다. 괜히 다른 엄마들, 다른
아기의 생활이 궁금해진다. 다들 어떻게 키우고 있나. 내가 아이를
잘 키우고 있는 건지 확인하고 싶다. 근데 확인 후 기분이 별로다.
엄마들의 관심사 3종 세트를 비교해보니 썩 기분이 좋지 않다. 또
래 주변 엄마에게 물어본 결과 내 아이는 참 안 먹고 안 자더라.

병원에서 예방 접종하며 영유아건강검진을 받았다.
의사가 말한다.
"보기보다 아기 몸무게가 참 안 나가네요."
최선을 다해 키우고 있는데 죄인이 되어 돌아왔다. 그럴 때 평소
처럼 자고 먹으면 좀 좋으련만. 내 마음을 알 리 없는 아기는 오늘
따라 자신의 개성 고집하신다. 기분 안 좋은 못난 애미는 그냥 넘어
가도 될 일이건만 빽 소리부터 지르고 눈물을 보이게 하고야 만다.

놀이터에서 마트에서 계속되는 비슷한 또래 아이 엄마들이 물어오는 개월 수와 그놈의 몸, 무, 게. 몹쓸 몸무게. 몸무게가 건강의 상징이 되어 상위 몇 프로의 세계에서 헤엄치는 그들이 참 부러웠다. 때때로 내 아이가 원망스럽기도 했다. 아무 일도 아닌 듯 다른 아기들은 쑥쑥 커 대는데 내 아기는 놀기만 바쁘다. 언제나 해맑다. 아이의 반짝이는 눈동자를 볼 때면 아무 걱정 없어 보였다. 내 아이를 그 자체로 바라볼 수 없다는 것이 괴로웠다.

그 시절이 지난 후 내가 발견한 것은 아기를 잘 키운다 하는 엄마들도 나와 다를 것이 없다는 것이다. 내 눈에 그런 것처럼 보였을 뿐 나만큼 불안하고 전전긍긍한 세계에 함께 있었다. 나는 어찌할 바 모르고 갈팡질팡하는 엄마였다. 그러나 차차 성장할수록 몸무게는 더 이상 내게 의미가 되지 못했다. 육아의 기준을 옮겼기 때문이다. 기관에 맡겨야 하는 것이 아니니 영유아검진도 받을 필요 없었다.

🌿 대부분 물려받은 장난감으로 노는 게 제일 좋은 주원이.

어차피 환경은 나와 다르게 움직인다. 그 안에서 작은 교집합이라도 찾으려 참으로 애썼었다. 그렇게 하지 않으면 아이를 잘 못 키우고 있는 것 같았다. 타인에게서 답을 찾으려 했다. 애써도 찾아지지 않는 공통점을 끊임없이 고민하고 생각했다.

'어떻게 키울 것인가?'

'그것을 위해 무엇을 할 것인가?'

　지표와 그 기준에 따라 경쟁처럼 되어버린 육아. 지표는 아이의 건강과 성장을 위한 것인데 단지 그것만으로 생각하지 않는 것은 엄마의 불안함 때문이다. 육아하면서 이렇게 복잡하고 다양한 불안을 느끼게 될 줄 몰랐다. 그 불안함이 현실로 될 가능성은 거의 없는데 말이다. 그래도 우리는 불안하다. 그것이 마치 엄마의 자격이라도 되는 것처럼. 맞춰진 기준을 쫓아다니며 경쟁하듯 키울 것인가 아이를 있는 그대로 바라보며 키울 것인가. 우리는 내 자식을 맘대로 키우기조차 쉽지 않은 용기가 필요한 시대에 살고 있다.

🦋 교회 가기 전 잠시 들른 놀이터.

🦋 동네 놀이터가 최고인 주원이.

읽다 죽어도 멋져 보일 책을 항상 읽어라.

– p.j. 오루크 –

4
책과의
전쟁

　18개월 전후로 폭풍 책보기가 시작됐다. 있는 책과 장난감은 대부분 물려받은 것이었다. 책 중심으로 육아하게 된 이유는 내가 책을 좋아하기 때문이었다. 어떤 이는 책은 쾌락이라 했다. 나는 이 말의 뜻을 조금은 이해한다. 주원이가 책을 가까이하는 사람이 되길 바란다.

🐾 책을 읽으며 무슨 생각을 하는지 알 수 없지만, 눈빛의 깊이를 보며 느낄 수 있다.

외출하면 집에 들어오려고 하지 않았다. 실랑이가 짜증 나고 지쳐서 나가지 않았다. 집에서 책 읽으며 아이와 함께 있는 시간이 편했다. 내겐 어려운 일이 아니었다. 책과 가깝게 해주려 눈뜨자마자 읽으며 아침을 시작하고 밤에도 책을 읽으며 잠들었다. 우리가 있는 곳 주변에는 항상 책이 있었다.

그런데 이 작은 아이가 베드타임 스토리[2]를 멈추지 않았다. 새벽 1시, 2시까지도 졸린 눈을 비비며 읽고 또 읽고 매일 밤 20, 30권은 기본으로 반복해서 읽어 달라 하니 죽을 지경이었다. 졸음을 참을 만큼 책을 좋아하는 것이 신기해서

'그래 어디까지 가는지 해보자 설마 죽기야 하겠어.'

라는 생각으로 한 달 가량을 그렇게 살았다. 아이가 기관을 다니지 않으니 가능한 일이었다.

아침에 아이가 깨우면 겨우 일어나 책으로 하루를 시작해 가끔 멍한 상태인 나를 발견하다 낮잠 잘 때 나도 쪽잠 자고 함께 놀고 밥 먹고 또 놀다가 밤이 되면 본격적으로 책 읽기를 시작했다. 집안일이고 남편이고 뭐고…. 그냥 이 세상에 너랑 나랑 둘만 덩그러니 남겨져 밤이 낮이 되고 낮이 밤이 되었다. 피곤함은 오직 내 몫이고 아이는 갈수록 기운이 넘쳤다. 책을 읽어주면 따라서 읽고 갑자기 놀이를 시작했다. 책 내용을 지어서 노래 부르고 이야기한다. 호기심으로 가득 찬 눈은 더욱 빛났고 깊어져만 갔다. 그 모

---

2 잠자리에서 책 읽는 것.

습을 보고 느끼면서 내가 힘들다고 중단할 수 없었다. 나는 알 수 없는 자기만의 세상에서 어떤 중요한 그림을 그리고 있는 것 같았다. 자세히 알 수 없지만 느낄 수는 있었다.

'너 졸린데 잠 안 자려고 책 읽어 달라지. 어서 자!'

그렇게 말할 수 없었다.

엄마가 그렇듯이 아이의 행동에도 이유가 있다. 아이의 성장과 관련해서 일찍 잠들어야 한다고 한다. 잘 크면 감사하고 안 커도 어쩔 수 없다는 것이 내 생각이었다. 아이의 어린 시절 중 한 달 정도 늦게 잔다고 무슨 일이 일어날 것 같지 않았다.

8살인 지금까지 잠자기 전 책 읽기는 아직도 진행 중이다. 너무 늦은 시간이나 아플 때, 컨디션 안 좋을 때를 제외하고 꼭 지켜지는 우리 가정의 문화로 자리 잡았다. 어릴 때는 누워서 뒹굴뒹굴 읽었고 지금은 거실에서 온 식구가 책을 읽고 잠자리에 들어간다. 학교 때문에 늦게까지 읽을 수 없어 아쉽고 늘 그랬듯 '한 권만 더 한 권만 더~.'로 책 읽기가 마무리된다.

책이 좋은 아이.
책에 대해 거부감 없이 편안한 아이.
책이 늘 아쉽고 더 읽고 싶은 아이.
책의 내용을 믿고 그렇게 노는 아이였다.

늙은 사람은 앉아서 '이게 뭐야?'라고 묻는데,
소년은 '내가 이걸로 뭘 할 수 있지?'라고 묻는다.

– 스티브 잡스 –

놀고,
놀고,
그리고 놀기

아이에게 노는 것만큼 중요한 것이 있을까. 마치 놀기 위해 태어
난 것 같다.

그러나 부모는 놀아달라는 요구가 언제나 반갑지 않다.

매일 놀아 달란다.

쉬지 않고 놀아 달란다.

멈추지 말란다.

속으로 나지막이 속삭여본다.

'야 이 자식아….'

놀이를 통해 배운다고 하지만 아무래도 너무 한 것 같다. 노는
건 그저 노는 것일 뿐. 어떤 눈으로 봐야 배움인 건지 도대체 알
수가 없다. 아이는 놀려 하고 나는 무엇이라도 하길 원하고. 그
사이에서 갈등의 골은 깊어져 간다. 5살까지 무엇을 하며 놀아도
괜찮았다. 그러나 6살의 놀이는 고민이 된다. 무엇을 하든 저래도
되는 걸까 싶다. 내가 아는 배움과 다른 의미 없어 보이는 놀이

들, 참으로 없어 보이는 놀이의 무한 반복…. 그리고 아이는 무아지경. 그것을 7살까지 하고 있다. 지켜보는 내가 못 살겠어서 붙잡고 교재를 시작했다. 놀이를 사칭한 공부도 해봤다. 티 나게 싫어해서 오래가지 못했다. 아이도 나도 모두 괴롭다. 한 명이라도 행복해야 살 것 같다. 아이는 매일 오늘도 많이 못 놀았다고 억울해하며 잠이 든다.

 이 아이를 어떻게 해야 해.

 "유아기에는 마음껏 놀면서 하고 싶은 일을 할 수 있는 여건을 만들어 주어야 한다. 유아기에 실컷 놀아야 그 힘으로 학교에 가서도 공부에 집중할 수 있기 때문이다."

- 『적기교육』, 이기숙 -

 많은 부모가 6, 7세에 취학 전 교육을 준비한다고 다양한 사교육을 가르친다. 그러나 내가 아이에게 준 선물은 놀기였다. 내 마음의 그릇이 크고 넓어서가 아니라 아이의 선택이었다. 놀이가 곧 배움이라는 생각과 좀 더 멀리 보며 가고 싶은 마음에서였다. 어디 한번 학교 가기 전에 실컷 놀아봐가 아니다. 놀이를 통해 주원이가 더 주원이다워지길, 여기저기 부딪히며 자신을 알아가고 만들어 가길 바랐다. 어떤 모양의 아이인지 알 수 없지만, 마음껏 쏟아 부으며 아이답게 크길 바랐다.

처음부터 이런 생각으로 놀게 하지는 않았다. 내 나름대로 후하게 시간 분배해서 계획표, 시간표를 들이밀었다. 함께 해보자고 구슬렸다. 하지만 생각처럼 마음만큼 따라와 주지 않더라. 놀이만큼은 '멍때리며 있더라도 간섭하지 말자. 차라리 눈을 감고 있자.'고 마음먹었다. 놀고 있는 모습을 보자니 왜 그렇게 초조해지는지. 게다가 눈치 없이 같이 놀자 한다. 이제 '다른 거 하자.'는 말이 입에서 뱅뱅 돌 때마다 간식 털어 넣으며 우물우물 씹어 삼켰다. 지금 이 살들이 다 그 시절 결과물이다.

🌿 어느 순간 놀이터에는 같이 놀 친구가 없었다.

내가 왜 이래야 하는 건데. 그런데 한 달 정도 되니 아이도 나도 아무렇지 않았다. 우리에게 아무 일도 일어나지 않았다. 아이와 나 사이 평온함이 존재했다. 지금 주원이는 다른 아이들이 취학 전 사교육했던 공부, 운동, 악기 등을 학교에서 배우며 신나게 놀고 있다.

육아…. 천천히 가도 된다.

남들보다 빨리 시작하면 더 잘하게 되고 원하는 목표를 이룰 수 있을까? 아이들은 목표를 위해 태어난 것이 아니라 사랑받기 위해 태어났다. 어느 것이 우선순위에 있어야 하는지 먼저 생각해야 한다.

어른들의 욕심 때문에 아이들은 그 나이에 알아야 할 소중한 것을 느끼지 못할 수 있다. 아이에게 놀이란 당연한 일상인데 어째 선물처럼 되어버렸다. '이렇게 하면, 이거 하면 놀게 해줄게.' 하는 조건이 되어버렸다.

주원's 에피소드 ①

5살의 어느 날 잠들기 전 '전' 자로 시작하는 낱말로 첫말 잇기하는 중

주원: 전나무
아빠: (아니, 전나무를 알고 있다니….) 전봇대
주원: 전집
아빠: (역시 책을 많이 봐서) 전파
주원: 전독수리
아빠: (??) 전시
주원: 전대나무
아빠: (?????)
주원이는 그냥 낱말 앞에 '전' 자를 갖다 붙였을 뿐이었다.

희망은 어둠 속에서 시작된다.
일어나 옳은 일을 하려 할 때
고집스러운 희망이 시작된다.
새벽은 올 것이다.
기다리고 보고 일하라.
포기하지 마라.

– 앤 라모트 –

육아란 원래
힘든 것

가정용품, 육아용품도 사용자의 편의에 맞춰 신제품이 쏟아져 나오는데 육아만큼은 어떻게 안 되는 걸까? 전혀 모르는 음식도 레시피 보고 따라만 하면 완벽하지 않아도 얼추 괜찮은 결과물이 나오는 시대에 살고 있는데 말이다. 귀찮음과 수고스러움을 조금이라도 덜 수 없을까. 대단한 뭔가가 있는 것 같은데 나만 모르는 것 같다. 오늘도 나는 '어떻게 아이와 즐거운 하루를 보낼까?'보다 '어떻게 편한 하루를 보낼까?'를 더 고민한다.

육아란 줄다리기 같다.
먹이려는 자와 먹지 않으려는 자.
재우려는 자와 안 자려는 자.
공부시키려는 자와 놀고 싶은 자.
정리하는 자와 늘어놓는 자의 관계가 아슬아슬하다.
미끄러지고 놓치기를 반복하고 다시 단단히 붙잡아 맨다. 어떻게 해야 조금 더 내 쪽으로 끌어당길 수 있을까. 꽤 오랜 시간 우리는 줄다리기하며 살아야 할지 모른다. 어제 줄다리기에서 밀렸다면 오늘은 더 갖고 와서 내 쪽으로 끌어당겨 볼까. 그것이 내가 원하는 육아인가. 사실 육아는 줄다리기할 일이 아니다. 아이와 나의 차이를 받아들이면 될 뿐이다. 좋은 사이가 될 수 있는데 그러면 아이를 그르치게 될 것만 같다.

육아가 힘들다는 생각은 이제 치워버리자. 원래 태초부터 힘든 것이었다. 어떤 방법을 찾아도 힘들기는 비슷비슷하다.

힘듦을 극복하는 방법은 얕은꾀나 요령을 생각할 시간에 책 한 줄 더 읽어 주려는 순수한 마음에 있다. 아이는 엄마의 생각과 마음을 귀신같이 알아보 고 느낀다.

인기 만점인 독박 육아.

오늘도 수많은 맘들이 도와 줄 이 없고 도움 줄 이 없는 육아의 바다를 헤엄쳐 나간다. 모터를 단 배였으면 좋으련만 내겐 나무 뗏목 뿐. 노를 저어 나아간다. 노를 놓치는 건 다반사고 수시로 방향을 잃어 제자리를 뱅뱅 돌고 있다. 우리가 어차피 이 세계에 발 들여 놓을 수밖에 없는 거라면 생각만큼은 대박이었으면 좋겠 다. 받아들이면 수월해지는 것이 육아다.

독박과 대박은 생각의 차이다. 오늘도 독박이라며 원망하고 불평 하느라 내 아이 맑은 얼굴 한번 쓸어주지 못한다. 안 그래도 엄마

힘든데 넌 왜 더 힘들게 하느냐며 괜히 애한테 쏟아부어 본다. 자는 얼굴 보며 후회와 한숨, 다짐으로 하루를 정리한다. 상황보다 더 우울한 생각이 보태져 독박의 상황을 만들어 버린 나의 지난날 육아였다.

어떤 생각으로 육아할 것인가.
고민해야 한다.

후회할 상황을 가까이 두어서는 안 된다. 그럴수록 환경을 정비하고 행복을 선택해야 한다.

누구에게도 많은 것을 기대하지 말 것,
그리고 질투하지 말 것.
사랑하면 곁에 머물 것이고
아니면 떠나는 것이 사람의 인연이다.
그러니 많은 것에 연연하지 마라.
그리고 항상 배우는 자세를 잊지 말고
자신을 아낄 것.

– 비비안 웨스트우드 –

part 2

고집스럽게

1

타인에게서
자유롭기

나는 집, 학교, 교회를 반복하는 맏딸이었다. 외모만큼 성격도 둥글둥글하고 무던해야 인정받고 잘하는 줄 알았다. 남들이 보는 내가 더 중요했다. 대학 시절 장학금 받으며 공부했어도 사회생활은 쉽지 않았다. 나는 열심히 맞춰주고 잘 따라갔는데 왜 그런 건지 이해할 수 없었다.

내가 그런대로 생각하기 시작한 것은 육아하면서부터였다. 고민하고 생각해도 아이는 뜻대로 되지 않았다. 그렇기에 육아는 내 이야기이고 그만큼 힘들었는지 모르겠다. 살아오면서 내가 어떤 사람인지 진지하게 생각해 본 적 없었다. 육아도 마찬가지였다. 내 아이지만 잘 모르겠어서 불안했다. 내 마음 편하려고 불안을 공유할 동지들을 찾아다녔다. 그들과 함께 어울리느라 정작 내 아이와 눈 마주치지 못하는 시간이 생기기 시작했다. 내 아이의 리듬에 맞춰도 하루가 금방 가버리는데 남의 엄마, 남의 아이 신경 쓰느라 사서 고생하고 있었다. 아이 친구 만들어준답시고, 엄마도 그동안 고생했지 이유 만들어서 숨통 좀 트여보자며 돌아다닌 결과였다.

아이와 나 사이의 답은 타인에게서 찾을 수 없다.

남 신경 쓰다 보면 내 아이는 뒷전이 될 수밖에 없다. 오래가지 못할 관계는 서로 알 수 있다.

내 아이에게 신경 쓰는 것이 불편한 만남은 필요치 않다.

아이와 나 사이를 제외한 쓸데없다고 생각되는 가지들을 쳐내고 나니 주원이가 그 자리에 있었다.

시간이 흐른 뒤 내 아이에게만 온전히 신경 쓰는 것은 무례함도 아니고 이기 주의도 아니었다는 걸 깨닫게 되었다.

7년 동안 남자아이 하나 키워냈을 뿐, 육아의 고수는 아니지만 정말 잘했다 생각하는 것 중 하나는 **'외롭게 육아'** 했다는 것이다. 대학로, 강남, 홍대, 이대를 누비며 쇼핑하고 커피숍에서 책보고 공부하고 학교 다니며 혼자 있는 시간도 즐거웠던 내가 육아를 외롭게 할 수밖에 없던 이유는 나 자신 때문이었다. 기저귀 갈고, 때맞춰 밥, 간식 먹이고, 놀아주고, 집안일이 매일 반복되는 상황은 지치면서 외로웠다. 어른 사람이 필요했다. 나와 같은 상황에 놓여 이야기하고 하소연하며 공감할 누군가가. 몇 개월이냐고 물어오면 반가웠다. 잘해준다 싶으면 정신을 못 차린다. 정도를 지키면 좋으련만 조절이 안 되는 나를 알기에 그냥 외롭기를 선택했다. 다시 외로운 육아가 시작된다 해도 나는 잘해줌의 세계에 발들일 생각이 없다. 잃는 것도 있겠지만, 이 선택으로 인해 내 삶이 심플해졌다. 에너지와 감정 소모할 일이 없어 스트레스가 줄었다. 자연스럽게 주원이에게 집중하게 되었다. 이런 작은 내 마음 알아주는 나랑 비슷한 기질의 마음 통하는 엄마 몇몇으로 괜찮다.

내가 외롭다고 감당하기 버거운 관계를 만들려는 노력은 오히려 최악의 상황을 만든다.

시간이 지나면 편한 사람들만 옆에 남게 된다. 웃으며 인사 정도하는 인간관계가 많은 것이 차라리 낫다 싶다. 안 그래도 살기 시끄러운데 관계까지 복잡하고 싶지 않다.

🦋 굳이 누워가며 편하게
   의사 표현하는 중.

🌿 아이에게 배워야 할 것이 있다면 단순함이 아닐까.

책은 청년에게 음식이 되고,
노인에게는 오락이 된다.
부자일 때는 지식이 되고,
고통스러울 때는 위안이 된다.

− 키케로 −

인생
육아서

부모라면 누구나 아이를 잘 키우고 싶어 한다.

그런데 '잘'의 의미가 무엇일까?

'잘'이라는 말은 우리 사회에서 두루두루 뛰어나다라는 의미 정도로 사용되는 것 같다. 부모는 아이가 '잘' 되기를 원하지만, 그 '잘'이라는 의미에 대해 깊게 생각해보지 않는 것 같다.

내가 내린 '잘'의 정의란 '아이답게(주원이답게) 키우는 것'을 의미한다.

그날도 아이를 재워놓고 육아용품 검색 중이었다. '소중한 우리 아이에게 완전 어울리는 제품을 골라 주겠어!!!!!!!' 하는 마음으로 무료배송에 가격대비 좋은 상품을. 그런 제품이 있을까마는 적어도 그 시간을 통해 내 욕심은 위로 받았다.

그러던 중 눈에 띄는 육아서적이 보였고 마침 할인하기에 구매했다. 처음 보게 된 육아서가 인생 육아서는 아니지만, 그 계기로 필요성에 대해 인식하고 하나씩 육아서를 읽어가며 메모하기 시작했다. 인터넷에 근거 없는 말 긴가민가하며 기준 없이 헤매고

다니던 망망대해 육아 바다
에서 나침반을 갖게 된 것이
다. 다양한 육아서를 읽다 보
니 전문가들과 선배 맘들이
하는 말에 공통점이 보이기
시작했다. 나는 그것을 찾아
다녔던 것 같다.

더 이상 남들의 육아가 궁금하지 않고 나만의 보물을 찾아 이
책 저 책 읽는 기쁨, 적용해보는 행복, 그것이 육아였다. 공부가
아니니까 어려울 것 없었다. 고수들이 경험한 육아, 다양한 육아
방법을 내게 맞게 적용하면서 개똥철학을 만들어 갔다.

왜 많은 엄마들이 자녀 교육을 위해 친한 아줌마, 애 친구 엄마,
옆집 아줌마에게 자문을 구하는지 모르겠다. 참고 할 수는 있지
만, 결정의 기준이 되는 것은 이해가 안 간다. 옷을 사더라도 디
자인, 사이즈, 가격 비교해 가며, 나만의 상품을 구매하고자 노력
과 시간을 투자하는데 아이를 양육함에 있어 정보 습득에는 인색
하다. 떠돌아다니는 정보를 맹신한다. 그러나 쉽게 받아들인 정
보는 쉽게 버릴 수도 있는 정보라는 것을 기억해야 한다.

학원이나 학습지를 선택할 때도

'내 아이에게 적합한 것인가?'

가 우선이 아니다. 내가 그랬다. 안 궁금한 척 있다가 정보 하나 더 얻으려고 여기저기 기웃거리다 초라해지는 이 기분…. 바쁘고 힘든데 애까지 떼쓰고 누워버리면 나까지 뒤집어지는 이 상황이 나의 육아였다.

2009년 통계청이 조사한 사교육비 자료에 의하면, 사교육 선택 시 약 70%의 부모가 주변의 사교육 정보를 기준으로 결정한다고 한다. 학원 등록을 고려하고 있을 때 친구가 다니는 학원을 선택하지 말고 몇 군데 직접 아이와 함께 방문해보자. 학원의 위치와 접근성, 안전성도 살펴보고 기존 친구들의 모습, 원장님이나 선생님과 대화해보며 그들의 교육 마인드를 참고하며 결정해야 한다. 아무리 친구가 중요한 나이라 하더라도 교육에 관한 선택 기준은 '친구'가 아니다.

검색하면 다 나오는 육아서를 선택하자. 유명한 육아서는 쉬우면서도 재미있다. 모든 육아서를 읽을 필요도 시간도 없다. 고르다 보면 내게 맞는 육아서가 보인다. 몇 번 읽다 보면 나만의 방법이 생겨난다. 읽어가며 눈물이 나고 절절하게 끓어오르는 것들을 가져가면 된다. 어설픈 지식들이 육아서를 읽으면 자연스럽게 가지치기되면서 핵심만 남는다. 그것이 엄마와 아이의 보물 상자다. 그렇게 담은 육아서가 쌓이고 쌓여 나만의 책이 되면 아이가 아무리 에디처럼 행동한다 해도 포비와 같은 마음으로 넘어갈 수 있다. 완전히 이해하지는 못하더라도 **너그럽게 지나갈 수 있는 여유**가 나도 모르게 생긴다.

교육의 목적은 기계를 만드는 것이 아니라 인간을 만드는 데 있다.

– 루소 –

나만의
육아 원칙

첫째 사랑하기

걸음마 시절까지만 해도 정말 귀여웠는데, 아무 이유 없이 사랑스러운 모습이었는데. 쌀을 쏟고 쓰레기통을 뒤집어도 마냥 이뻤는데 이제 말대꾸, 짜증에 떼쓰기, 소리 지르기, 던지기까지 한다. 나도 참을 만큼 참았다. 있는 모습 그대로 사랑하기가 왜 이렇게 힘든 걸까. 그냥 사랑하면 되는데 자꾸 조건이 붙는 건 왜일까.

내 새끼니까 저절로 사랑하게 될 줄 알았다. 애쓰면 될 줄 알았다. 하지만 나 자신을 사랑하지 않으니 내 자식 사랑하는 것이 힘들더라. 육아는 나를 길러가는 과정인데 그 과정에 사랑하지 못하는 나를 만날 때 힘들어졌다. 대체 나를 사랑하는 것이 어떤 건가? 그걸 몰라서 내가 어떤 사람인지 알고 싶어졌다.

'나는 어떤 사람인가?'

지금껏 살아오면서 나에 대해 몰랐는데 주원이를 키우며 나는 자신에 대해 알게 되었다. 아이의 상황과 반응을 통해 좋은 것, 싫은 것 행복과 우울함에 대해 예전보다 가까이 들여다볼 수 있게 되었다. 그래서 불편한 마음도 있다. 마주하고 싶지 않은 감정도 느낀다. 그럴 때는 책에 화풀이하며 풀어낸다. 마음이 편안하고 여유 있을 때, 반대로 복잡하고 우울할 때는 소설이나 에세이, 만화책을 보고, 육아가 힘들 때 육아 관련 책과 힐링되는 책을 본다. 결단이 필요하고 공부하고자 할 때 자기계발서와 전공책을 본다. 성경은 조금씩이지만 매일 본다.

가족에게도 화풀이한다. 후회와 자책이 밀려들 것을 알면서도 이미 감정을 쏟아냈을 때는 한결같은 나를 발견한다. 이런 모습까지 인정하고 사랑해야 하겠지. 아직도 갈 길이 멀다. 나를 사랑해야 내 아이도 사랑할 수 있다는 건 논리적으로 이해하는데 가슴으로 받아들이기에는 시간이 필요하다.

사람은 평생 자신을 알기 위해 살아가는 존재인 것 같다. 그래서 일하고, 놀고, SNS, 블로그도 내가 어떤 사람인지 알고자 확인하고 싶은 마음이 아닐까. 육아도 결국은 나를 사랑해야 행복한 일이 될 수 있다는 걸 알기에 작은 부분부터 보듬어 본다.

주원's 어록① 2016.11.05

엄마: 주원아, 기도해줘 하나님이 널 사랑해서 네 기도 잘 들어주잖아.
주원: 하나님은 누구나 사랑하셔.

둘째 존중하기

어떻게 해야 어린아이를 존중할 수 있을까. 가까운 사이면서 약자인 내 아이를 한 인간으로서, 인격체로서 존중하기는 쉽지 않다. 나도 받아본 적 없는 듯 좀처럼 알 수가 없다. 아이를 존중해야겠다는 생각은 어디까지나 생각일 뿐 내 행동은 이미 생각과는 다르게 표현된다. '노력하는 내 모습을 봐서 말 좀 잘 들어줬음 좋으련만 너는 여전히 멋대로지. 묻지 말고 따지지 말고 그저 내 말대로 해 줬으면 좋겠는데. 결국은 너를 위한 거라니까?' 내 기분 좋을 때면 존중하다가 아닐 때면 명령하는 엄마가 나다. 하는 척했을 뿐 사실 나는 제대로 된 존중이 어떤 것인지 모른다.

존중은 아이가 원하는 대로 맞춰주는 것이 아니다. 떼와 고집 자체는 존중할 필요 없다. 그것의 원인을 봐야 한다. **존중의 시작은 말에서부터 있다고 생각한다.** 아주 어릴 때부터 '안 돼.', '이놈.'이라는 말보다 간단명료 정확하게 이유를 먼저 말해준다. 답답하고 피곤한 일이지만 말만큼 가벼우면서 강력한 것은 없다. 강요가 아닌 설명과 설득으로 존중함을 보여야 한다. '안 돼.'라는 말은 커서 해도 된다. 그 말이 먹히게 하려면 어렸을 때부터 이유를 말해줘야 한다.

요즘 주원이는 내 말이 험해진다는 느낌이 들면 그렇게 말하지 말라며 단박에 지적해 버린다. 정말 어렵다.

존중받고 자란 아이는 다른 사람도 존중할 줄 안다. 부모에게서 존중받고 자란 아이는 밖에서도 존중받는다. 가치 있는 것들이 몸에 베어 들면 숨겨지지가 않는다. 티가 나고 빛이 난다.

어리지만 함께 성장해 나가는 인간으로서 인격과 감정이 있다는 것을 항상 기억해야 한다.

"아이의 마음은 존중받아야 한다. 특히 부모로부터는 반드시 존중받아야 한다. 아이를 존중하는 부모의 마음은 아이가 갖게 될 사회성에 매우 큰 영향을 준다. 아이를 가장 믿고 사랑해주어야 하는 사람은 부모다. 아이는 부모와의 관계가 편해야 타인과의 관계도 잘 유지해나갈 수 있다. 그 관계가 편치 않으면 아이는 세상을 굉장히 불신하고 불안한 눈으로 바라보는 사람으로 자란다."

- 『불안한 엄마, 무관심한 아빠』, 오은영-

셋째 기다리기

기다리기만 잘해도 육아는 즐겁다. 그러나 어른들은 기다림을 좋아하지 않는다. 어른들 기준에 기다려야 한다는 것은 뒤처짐의 그 어디쯤엔가 속해있다. 아이들은 그들만의 세계가 있다. 어른들은 알 수 없고 알고 싶어 하지 않는 세계다. 나도 그 세계에서 참 많이 갈등했고 지금도 여전하다. 세발자전거

뒤에 인형이며 온갖 살림살이 싣고 끙끙대며 탔던 시절 작은 발, 실룩실룩 엉덩이가 귀여웠고 기특했다. 7살 즈음 또래들이 하나씩 두발자전거 타기 시작하더라. 보조바퀴를 떼면 속도가 더 날 것만 같다. 그렇잖아도 보조바퀴 달려 있는 자전거가 유난히 못생겨 보인지 한참 되었던 참이었다. 쌩쌩 달리는 모습 탐이 났지만 나는 자전거를 속도감으로 타길 원치 않는다. 아파트 단지나 놀이터는 속도를 낼 만큼 안전한 공간이 아니다. 페달의 느낌을 온몸으로 느꼈으면 좋겠고 걷는 것과 다른 바람과 소리를 들으며 그저 즐겁게 탔으면 하는 마음이다. 진정한 스피드를 즐기려

면 느리게 가는 법을 알아야 한다. **기다림은 그냥 기다림이지 뒤처짐이 아니다.** 오히려 차근차근 재촉하다 질려버리면 차곡차곡 뒤처지지 않을까.

통계에 의하면 우리나라 만 3세 이상 유아 중 99.8%가 사교육을 하고 있고 이는 초등학생 88.9%가 사교육 받는 비율보다 높다고 한다. 주원이는 7살까지도 완전한 10을 세지 못했다. 자꾸 8을 빼먹는 식이다. 안 하는 걸까, 모르는 걸까, 까먹는 걸까, 셋 다일까…. 이런 머리로 공부가 가능할까? 우리 아이들이 이미 6세에 100까지 세고 있어야 한다는 것이 당연한 걸까. 어떤 학습지 강사는 학습지를 안 하고 있는 거면 애가 영재냐고 반문한다. 주변 친구들은 학습지를 시작했다. 누구나 다른 삶의 방식이 있다. 다른 것은 틀린 것이 아니다.

나는 처음 접하는 한글, 수, 영어를 온전히 나와 아이의 힘으로 배우고 싶었다. 편하고 빠른 배움보다 중요한 것은 우리의 힘으로 알아가는 것이라고 생각했다. 남의 손 빌리고 싶지 않았다. 쉽지 않은 과정에서 어려움도 함께 배울 수 있었으면 좋겠다고 생각했다. 집에서 유명 학습 교재 단계별로 구매해 연필 쥐고 선 긋기부터 시작했다. 기역 니은 디귿까지 참 좋았는데 뒤로 갈수록 애가 미워지기 시작한다. 직접 가르치고 싶지 않은 이유다. 괴로워하며 고민하다 더 미워지기 전에 책장 구석에 고이 처박아두었다. 배움을 향한 멋진 동기가 어색해져서 속상했다.

지금은 스스로 읽고 자기 생각과 함께 독서통장에 기입한다. 가르쳐 준 적 없는 글자가 꽤 많은데 읽어버린다. 잠자리에 들어 잠이 안 오면 몇백까지 세고 잔다. 기대하지 않았는데 한글과 숫자의 원리를 알게 된 것 같다. 쌓아둔 한글교재는 몇 주 만에 끝냈다. 아이들에게는 우리가 알 수 없는 놀라운 능력이 있다. 배움의 동기를 발견하게 되고 재미와 호기심이 만나게 되는 순간 예상치 못한 힘이 나온다.

그 능력을 스스로 알기 전에 학습지, 학원부터 들이대니 내 안에 뭐가 있는지, 내가 누구인지 알 수가 있나. 어른들이 기다려만 준다면 그것을 꺼내 보여줄 수 있을 텐데 말이다.

🖌 엄마의 모습   🖌 성   🖌 내 친구 민미의 무서운 꿈

자식 키우기란
자녀에게 삶의 기술을 가르치는 것이다.

– 벤저민 프랭클린 –

4

부모의 소신이
아이의 소신

육아를 함에 있어서 굳게 믿는 것이 있는가?

여러 번 흔들려도 다시 붙잡을 만한 것이 있는가?

아이를 잘 키우기 위해 우리는 무엇을 기준 삼아 나아가야 하는가?

주원이가 커갈수록 생각하게 되었다.

어떤 가치를 가르쳐야 하며 우리 가족이 공유해야 할 가치는 무엇인가?

이 물음은 육아에 대한 것이 아니라 인생 전체에 대한 물음이었다. 큰 그림을 그리고 함께 만들어 가고 싶었다. 한글, 수학, 생활습관, 학교와 같은 문제들은 다 그 안에 포함되어 가치를 만들어나가면 따라오게 되는 부수적인 것들일 뿐이라고 생각했다.

목표가 있지만, 주변을 돌아볼 새도 없이 숨차게 걷고 싶지 않았다. 나의,

우리 가족의 인생이니까 우리만의 보폭으로 걷고 싶었다. 나만의 걸음으로 걸어가는 것이 인생이라는 것을 우리 부부가 그렇게 살면서 보여주는 것이 진정한 가르침이라고 생각한다.

'잘' 산다는 것의 기준은 네가 만들어가는 거라고.
삶의 가치는 어른이 되어서 배우는 것이 아니라고.
어려서부터 보고 자라는 것이 고요히 스며들어 그것이 네 인생이 되는 것이라고 온몸으로 말해주고 싶었다.
그리고 엄마 아빠는 그 인생을 네가 있어서 알게 되었다고 말이다.

긴 인생에서 유치원 없이 사교육 없이 유아 시절을 보낸다는 것이 뭐 그렇게 요란스러운 일일까. 우리 부부의 가치에 그것은 삶의 과정이고 그저 주원이와 많은 시간 함께하고 싶었을 뿐이다. 그렇게 하고 싶어서 용기를 냈고 주원이를 보면서 천천히 나아갈 수 있었다.

무엇이든 굳게 믿는 가치가 있다면 그냥 하기. 일단 하기.

주변에서 들려오는 소리가 시끄럽고 여러 가지 오해로 속상해하며 방황한 시간도 있었지만, 이제는 감사할 뿐이다. 그것은 우리가 소신대로 살고 있다는 증거이기도 하니까.

"옛날에는 틀린 방법을 적용하더라도 자신의 육아 방식에 대해 적어도 '확신'이 있었다. 예를 들어, 회초리로 아이를 때리면서도 '내가 이렇게 해서라도 이 아이를 잘 가르쳐야 한다.'라는 확신이 있었던 것이다. 그렇기 때문에 불안해하지 않았다. 그런데 지금 엄마들은 옛날보다 훨씬 많이 배우고, 수많은 책과 정보를 통해 더 나은 육아 기술을 알고 또 사용하고 있지만 자신의 육아 방식에 대한 확신이 없다. 아이를 대하는 매 순간 걱정하고 불안해한다."

- 『불안한 엄마, 무관심한 아빠』, 오은영 -

신념을 갖고 있는 한 명의 힘은
관심만 가지고 있는 아흔아홉 명의 힘과 같다.

– 존 스튜어트 밀 –

5

유치원,
고민하다

우리 집은 아파트 단지 정문 앞이고 저층이라 어린이집 차량이 분주히 오고 가는 모습을 본다. 주원이가 걸음마 할 즈음 아침마다 손 흔들며 보내주며 돌아서는 엄마들 모습이 참 쿨해 보였다. 그들의 명랑한 발걸음을 지켜보며 나도 곧 그러리라 다짐했었다.

나는 교직 생활을 했다. 미술 전공이기에 유치원, 학원에서도 근무했었다. 다양한 아이들을 만났고 가르쳤다. 덕분에 내가 아이를 낳으면 어떻게 교육할 것인지 자연스럽게 생각하게 되었다. 내린 결론은 사교육 없이도 괜찮겠다는 것이었다. 그리고 실행에 옮겼다.

주원이 4살 때 1년 직장 생활했던 8개월 어린이집이 사교육의 전부였다. 등원 시작하면서 기다렸다는 듯 감기로 자주 아팠고 연중행사처럼 입원하기 시작했다. 병원 생활이라면 진력이 난다. 어린이집 가지 않아도 괜찮은 이유는 다양했다. 우리 교육관에 맞는 기관이 없는 데다 이렇게 아프면서까지 다닐 필요는 없었다.

4살까지는 산책하러 나가면 또래들이 가끔 있었다. 5, 6살 되니 거의 없었다. 놀이터를 가도 도서관을 가도 아장아장 동생들이 있을 뿐. 할머니들이 묻는다.

"얘 너는 오늘 유치원 안 갔니?"

"어디 아파서 유치원 쉬는구나?"

유치원 다니는 것이 당연하다는 생각에서 출발한 물음이다. 대답을 기다리는 듯 내 얼굴을 스윽 본다. 처음에는 안 다닌다고 얘기했다. 그쪽이 더 놀라서 다시 물어본다. 마침내 우리가 주류에서 벗어났음을 실감한 낯선 순간이었다.

"소아 정신건강 의학과 전문의와 함께 조기 인지 교육이 아이들에게 어떤 영향을 미치는지에 대해 살펴본 결과 한결같이 조기 인지 교육과 같은 선행학습 위주의 교육이 아이들에게 상당히 부정적인 영향을 준다는 의견으로 모아졌다. 학업 스트레스, 주의 집중력 저하, 문제 해결 능력 저하 등의 문제를 일으킨다는 이유에서였다. 구체적으로 사교육 가짓수가 많을수록 과잉 행동, 신경질, 퇴행 행동, 공격성이 더 많이 나타났다. 이처럼 선행학습을 위주로 한 조기 교육은 부모의 바람과 달리 국어, 수학 성적에 직접적인 영향을 주지 못하며 창의성과 사회 정서 발달에도 부정적인 영향을 미친다."

– 『적기교육』, 이기숙 –

7세. 학교 적응과 선행학습, 사회성을 이유로 대부분 유치원에 간다.

'7세면 유치원은 당연히 가야 하는가?'라든가

'유치원 교육이 꼭 필요한가?'라는 물음은 하지 않는다.

마치 의무교육인 것처럼 여지가 없다. 내가 교육기관에 종사한 경험이 있어서 유치원이 매력적이지 않은 이유도 있었다. 주원이는 자유로운 기질은 아니지만, 입학 전 실컷 놀게 해주고 싶었고 (지금까지도 놀았지만 더 실컷!!!!) 아이와 더 많은 시간을 보내고 싶었다. 이런 이유가 별 볼 일 없어 보였는지 주변에서 큰일 난다고, 학교 적응은 어찌 할 것이며 사회성은 어떻게 할 것이냐고 걱정이다. 친정, 시댁 식구들도 걱정할 정도였으니 말이다.

지겹게 들었던 사. 회. 성.

사회성은 아이들이 많은 곳에서 그저 잘 놀다 오는 것이 아니다. 사회성은 너와 나의 차이와 다름을 인정하는 것이고 배려하는 것이다. 그렇기 때문에 또래를 통해 배울 수 없고 부모와의 관계를 통해 배운다. 아무래도 또래가 많은 공간에 있게 되면 경쟁해야 하고 견제해야 하는 상황들이 발생한다. 주원이는 처음 보는 친구나 형들, 누나들과 쉽게 어울리고 속상할 정도로 양보하며 동생들과 눈높이에 맞춰 놀아줄 줄 안다. 배려하며 키우려 애썼지만 사실 잘 되지 않았다. 심성 자체가 착한 아이라는 생각이 든다.

사람들로부터 자주 받는 질문 중 하나는 주원이는 어떻게 친구를 사귀느냐는 거였다. 아기 때부터 알던 동네 친구가 있고 교회에서 주마다 만나는 친구들이 있다. 나와 비슷한 마인드를 가진 엄마가 있어서 그 친구랑 놀기도 했다. 도서관 프로그램을 자주 이용하다 보니 만나는 친구들이 있다. 그리고 놀이터에 가면 있는 아이들이 친구였다. 나이에 관계없이 어울림에 어색함이 없었다. 오히려 모르는 아이와 논다는 것이 익숙지 않은 아이들로부터 외면당하기도 했다. 친구를 사귀기 위해 학원이라도 다녀야 했을까. 친구의 의미를 어디에 두어야 할까. 친구가 되기 위해서는 먼저 다가가야 함을 주원이를 통해 알게 되었다. 친구에 대한 편견을 깨버렸다. 조건이나 제한 없이 어울릴 수 있다는 것은 주원이의 큰 강점 중 하나라고 생각한다.

우리 부부도 불안하지 않았던 것은 아니다. 영재도 아니고 이런 사례가 없으니 심하게 노는 아이를 보며 마냥 기뻐할 만큼 배짱 있지 않았다. 하지만 우리는 일단 주원이를 믿을 수밖에 없었다. 조금씩 성장하는 모습, 생각보다 멋진 아이가 되어가고 있는 모습을 볼수록 확신이 들었다.

"남자아이치고는 얌전하네요."

주원이를 키우며 자주 들었던 말이다. 활동량이 왕성하고 과격한 남아에 비교한다면 얌전한 편이었지만, 기질상 수월했던 것은 아니다. 육아하기 쉬운 기질이라는 것은 없다. 어떤 기질이든 내 아이는 원래 키우기 힘든 법이다.

유치원 안 가는 7세 남자아이. 주변에서 고개를 젓는다. 대부분의 사람들이 그건 아닌 것 같다고 했다. 나도 쉽지 않았다. 7년 동안 아이와 함께 뒹굴면서 훈육이라는 이유로 혼내고 때리고 감정적으로 대하기도 했다. 반성하고 다짐하는 날들의 반복이었다. 내 아이지만 나도 얘를 모르겠고 쟤도 나를 모르는 것 같다. 서로에 대해 알아가는 시간이었다. 어쩌면 우린 평생을 알아가며 맞춰가야 할지 모르겠다. 그것이 인생일까.

얼마 전 담임선생님과 상담을 했다. 주원이가 유치원 안 다녔다는 사실을 몰랐던 선생님은 상당히 놀라워했다. 학습, 친구 관계, 규칙 등 전반적인 학교생활을 무난하게 해내고 있다고 한다.

주원's 에피소드 ②

약속한 시간에 끝내야 하는(놀이, TV, 동영상 시청) 상황

엄마: 시간 다 됐다. 이제 그만 봐야지.
주원: 나 더 보고 싶어.
엄마: 안 돼.
주원: 5분만 더 볼게~~.
엄마: 안돼.
주원: 그럼 10분만~.
엄마: …….
주원: 그럼 15분만~~.
엄마: …….

야단쳐야 하나 가르쳐야 하나 생각하다가
너무 진지한 아이의 표정에 기가 막혀 말문이 막히곤 한다.

주원's 어록② 2016.11.11

엄마: (계속 얘기하는데 밥을 안 먹는 상황) 셋 할 동안 와서 밥 먹어.
주원: 셋 동안 고칠 수 있는 건 없어.

자기 자신을
너무 대단하게 생각하지 마라.
그러나 완전히 믿을 수는 있어야 한다.
부지런히 준비하라.
창의적으로 생각하라.
지적으로 깊이 생각하라.
숙제를 하라.
절대 과로하지는 마라.
여유를 가져라.
할 수 있는 것은 모두 하라.
그리고 일이 풀리게 놔두어라.

– 노먼 빈센트 필 –

part 3

진정한
'엄마표'의 의미

나와
아이에 대해서

도대체 엄마표라는 것이 뭘까? made in 엄마.

아이는 엄마를 사랑하기에 엄마의 손길이 닿은 것만으로도 충분히 행복하다. 그러나 엄마 입장은 그렇지 않다는 것이 문제의 시작이다.

나는 엄마니까 희생해야 애가 잘될 것 같고, 꼼꼼하고 계획적인 스케줄이 있어야 결과가 좋게 나올 거고, 엄마가 원하는 대로 '잘' 해야 할 것 같은 느낌. 엄마 품처럼 따뜻하고 편한 느낌은 아닌 듯하다. 검색해 보니 엄마표와 관련해서 영어, 한글, 미술, 학습지, 놀이, 요리 등등 용어가 나열된다. 나는 엄마표를 진행하지 않으려 애썼다. 내 욕심이 앞서 나가 결국은 아이가 슬퍼할 것을 알기에.

엄마표는 좋다. 엄마와의 친밀감, 유대 형성….

그런데 문제는 진행하다 보면 내가 이걸 왜 시작했나 싶은 순간이 상당히 자주 찾아온다는 것이다. 밤잠 못 자며 자료 수집하고 고생해서 재료, 프린트물, 열심히 준비했는데 말이다.

엄마표를 하기 전 꼭 생각해 봤으면 한다.

'우리 아이는 어떤 성향인가?'

'나는 어떤 성향의 부모인가?'

'우리 둘이 원하는 것은 무엇인가?'

'우리에게 필요한 것인가, 아니면 내가 하고 싶은 것인가?'

　나와 아이의 성향을 파악하고 고려해서 계획하고 가정의 상황에 맞게 시작해야 한다. 그렇게 해야 길게 갈 수 있다. 어떤 블로그에 올려져 있는 프로그램, 무조건 따라 하지 말고 취할 수 있는 것만 가져오는 똑똑함이 필요하다. 욕심을 버려야 잘 된다. 그리고 기대하지 말아야 한다. 아이가 어떤 답을 내놓을지 기대하며 묻는다면 그만큼 실망하게 된다. '너는 어째 그 모양이냐!'며 마음의 소리가 밖으로 나올 수 있다. 아이가 어려서 엄마와 있는 시간이 긴 경우, 기관에 등록할 계획이 없는 경우 엄마표를 피할 수 없다. 평소 아이의 노는 모습, 시간대나 컨디션에 따라 반응하는 모습, 무엇에 관심을 가지는지, 즐거워하는지 그밖에 기질이나 성향 등을 잘 관찰해 두었다가 참고하면 된다. 내 자식이지만 나와 같지 않고 다 알 수 없다.

'자자~ 이거 준비했고 저거 준비했고 이제 해보자~~.'
거창하고 분주한 마음보다

'너는 이러하고 나는 저러하니 이거 한 번 해볼까? 안되면 다른 거 하지 뭐.'
하는 간단한 마음이 모두에게 이롭다.
'잘해 보겠다, 오늘은 이만큼 하겠다.' 계획하고 다짐하지 마라.

'오늘 하루 너랑 나 즐겁게 놀아보자.' 가벼운 마음 하나면 된다.

화려한 블로그일수록 삭제하자. 내 마음만 아프다. 여기저기 짜깁기해서 좋은 것만 모아놓은 거 엄마표 아니다. 초라해 보이지만 사이좋게, 즐겁게 할 수 있는 것이 진정한 엄마표인 거다. '다음에 또 하고 싶어.'라는 생각이 든다면 됐다.

고생하려고 하는 거 아니다.

대단하려고 하는 거 아니다.

지금
적극적으로 실행되는 괜찮은 계획이
다음 주의 완벽한 계획보다 낫다.

– 조지 s. 패튼 –

일과
짜보기

새벽까지 계속된 책 읽기로 기상 시간이 늦다. 아침을 맞이하는 순간조차 책을 읽으며 깨어난다. 아침 공기처럼 상쾌하게 느껴지길 바라는 마음에서다. 책을 베개 삼아 이불 삼아 덮고 끼면서 이불이 책인지 책이 이불인지. 아이가 있는 곳 어디든 손 뻗으면 닿는 곳에 책이 가깝게 있다.

주원이는 놀이를 시작했다. 아직 어려서 그런지 변변치 않은 장난감인데 잘 논다.

대강 집을 정리한다. 대강 청소 7년 차. 청소란 어질러진 장난감 정리, 먼지 제거하는 수준의 청소기 청소일 뿐이다. 책장 정리나 창틀같은 디테일을 요구하는 청소는 컨디션 좋고 심심한 어느 날 하기로 하자(언젠가는 하겠지).

아침 겸 점심을 먹는다. 어릴 때는 식사 시간이 놀이고 공부다. 매 끼니를 화려하게 차리려면 우선 내가 버거우니 원푸드나 한두 가지 반찬이면 훌륭하다. 아기 식탁은 식탁보를 깔아 정리가 용이하게 해두고 턱받이도 물로 헹구기 편한 재질로 갖춘다. 충분한 시간을 두고 식사한다. 단순히 먹는 것에 초점을 두지 않아야 마음이 편하다.

외출한다. 한 번 외출하면 집에 들어오려고 하지 않아 힘들었지만, 한여름과 한겨울을 제외하면 거의 매일 나갔던 것 같다. 나서기만 하면 일단 시간이 잘 가고 아이의 무한 호기심 충족 가능하다. 날이 좋으면 그냥 걸어도 행복했고, 비가 오면 우산 쓰고 장화 신고 느끼는 참방거림이 싱그러웠고 빗방울과 고인 물에 즐거워했다. 눈이 쌓이면 먼저 나가 발자국 찍고, 천사 날갯짓 퍼덕이다 나무 아래서 눈 맞는 것도 재밌었다.

낮잠은 누워 잠드는 아이가 아니라서 대부분 유모차 탑승해야 잠이 들었다. 이러니 매일 나갈 수밖에. 언제 갈아입었는지도 모르겠는 티셔츠에 운동복 바지, 내 모습 차마 볼 수 없어 모자 푹 눌러쓰고 유모차를 흔들어 잠을 재워줄 적당한 길을 찾아 문밖을 나선다. 잠이 들어 들어오면 눕혀 편하게 재우고 싶지만, 안는 순간 눈 번쩍하기를 수없이 반복해 본 후 깨달았다. 네 등짝이 유모차를 원한다는 걸. 우리 아이는 그렇게 현관에서 낮잠을 잤다. 30분 정도 지나면 시계처럼 일어난다. 짧은 낮잠 시간이라도 누리고 싶어 설거지나 청소 꿈도 못 꿨다. 그 짧은 시간에 나도 쪽잠을 자면 좋으련만 잠깐 스마트폰 검색에 꿀 같은 시간이 후딱 흘러간다.

낮잠 후 간식을 먹는다. 저녁을 잘 먹기 위해서 간식은 배불리 먹지 않는다.

영어 DVD를 시청한다. EBS나 캐릭터 만화는 시청하지 않았다. 교육적인 프로그램을 선정함에 있어서 나는 영어 DVD를 선택했다.

육아에서 가장 비중을 둔 것이 있다면 책이다. '베드타임 스토리.' 낮에 아이 따라다니고 보살피느라 피곤한 육체였어도 밤에 더욱 박차를 가해 본다. 목욕 후 잠자리에서 읽는 책은 매직 키가 반짝여 다른 세계에 들어가는 것처럼 낮과 다름을 경험하게 해준다. 졸려서 뻑뻑한 눈 동여매며 같은 책 반복하고 몇십 권 읽다가 잠이 드는 일과를 한 달 정도 반복했다. 이러다 죽겠구나 싶었을 때 주원이는 스스로 그 세계에서 나왔다. 한 달 동안 행복한 좀비가 되었었다.

나와 주원이의 일과는 참 민망하게도 별거 없다. 특별히 이렇다 할 만한 것이 없다. 그래도 주원이는 잘 컸다. 반 친구들에게서 배려하는 친구, 괴롭히지 않는 친구, 착한 친구, 재미있는 놀이를 발견하는 친구라고 한다. 친구의 부모님이 주원이와 우리 가족에 대해 궁금해한다는 말이 들려온다. 이런 평을 듣고자 한 것이 아니기에 연연하지 않지만, 나름 소신으로 키운 내게 보너스 같은 느낌으로 다가온다.

나는 힘든 상황을 잘 못 견딘다. 물론 힘든 상황을 잘 견디는 사람은 없겠지만 나는 타인에 비해 같은 상황에서 스트레스에 취약한 편이다. 남에게 싫은 소리 못하면서 가까운 사람한테는 독설도 짜증도 잘 내는 사람이다. 피해자는 약자인 주원이가 될 것이었다. 잘 알기에 내가 마음 편하고 조절할 수 있는 상황을 만들려고 애썼다. 힘든 상황에 놓여 있지 않으려고 노력했고 그렇지 않다고 해도 다시 평정을 찾을 수 있다고 다독였다. 그렇게 노력하고 애를 썼지만, 생각처럼 되지 않았고 아직도 그렇다. 나는 여전히 나약하고 잘 넘어지는 엄마다.

이런 기질에 특별한 무엇인가를 한다는 건 득보다 실이 많음을 잘 알고 있었다. 나는 어릴 때부터 책을 가까이했고 좋아하기에 편안했다. 책은 만만했고 특별할 것이 없는지라 책에 비중을 둔 육아를 하게 되었다. 평범한 일상이지만 그 안에서 뛰노는 주원이가 있었고 그저 나는 호응해 주기도 바빴다.

시작하고 실패하는 것을 계속하라.
실패할 때마다 무엇인가 성취할 것이다.
네가 원하는 것을 성취하지 못할지라도
무엇인가 가치 있는 것을 얻게 되리라.
시작하는 일과 실패하는 것을 계속하라.

- 앤 설리번 -

놀기

어차피 이렇게 된 거 즐겁게 놀아본다. 놀이가 곧 공부라는 것을 생각한다면 그리 어렵지 않다. 가장 즐겁게 여기는 것 순으로 논다.

첫 번째는 책이다.

나는 한 달에 평균 두세 권 정도 책을 읽는다. 큰 욕심은 없지만, 책 욕심은 있다. 내가 책을 좋아할 수 있었던 건 어렸을 적 집에 책이 많아서였다. 부모님이 어떤 마인드로 책을 놓았는지 알 수 없지만, 작가별 문학 전집과 그 외에도 많은 책이 있었다. 방과 후 할 일이 없었던 나는 하나씩 꺼내 보다 보니 재미있어서 계속 보게 되고 시력이 안 좋아져 초등 2학년부터 안경을 착용했다. 내가 원하는 책을 들면 난 무엇이든 될 수 있었다. 나만의 공간이었다. 애는 놀이터에서 놀고 있는데 옆 벤치에서 책 읽고 있는 밥맛 아줌마가 나다. 과자처럼 커피처럼 집어드는 것이 책이다. 아이를 키우며 책의 중요성을 느껴보니 책과 어색함 없는 풍경을 만들어주신 부모님께 새삼 감사한 마음이다. 그리고 내가 주원이에게 줄 유산은 책 읽는 습관과 환경이라는 생각이 든다.

집에 책을 무한정 들일 수 없으니 도서관을 적극적으로 이용하면 된다. 도서와 DVD 대출 외에도 다양한 프로그램들이 가득하다. 요즘 도서관의 시설과 프로그램은 유아와 어린이의 수준에 맞게 구성되어 있다. 관심과 마음이 없어 정보를 얻지 못할 뿐이다. 주원이 다섯 살 가을 되던 해, 동네 작은도서관이 개관하게 되어 새 건물과 새 책, 새로운 프로그램을 마음껏 이용했다. 사서 선생님은 우리를 VIP라고 했다. 이용 가능한 대부분의 프로그램을 들었는데 유치원을 안 다니다 보니 초집중해서 수업에 참여했었다. 그 1시간 동안 나도 잠깐 숨 돌리고 읽고 싶은 책도 읽었다.

많은 부모가 책의 중요성을 인정하면서 도서관 이용은 좀처럼 하지 않는다. 도서관을 단순히 책을 대출하는 공간으로 인식하지 않았으면 한다. 도서관에 발을 들여놓는  순간 발 걸음 소리 작게 걸어 다니며, 소곤소곤 이야기해야 하는 예절을 배울 수 있다. 이 예절은 미술관이나 박물관, 공공기관에서도 마찬가지다. 책으로 꽉꽉 쌓인 도서 공간을 둘러본다. 그리고 몇 바퀴 돌아본다. 읽고 싶은 책을 선정해야 하니 책을 찾으며 움직이게 되고 생각하게 된다. 마침내 많은 책 중에서 한 권 고르기까지 아이의 두뇌는 바쁘게 움직였다. 자리 잡고 읽게 되니 집중해서 빠져들게 된다. 이 과정을 반복한 후 머물던 공간을 정리하고 나간다. 이러한 학습을 집에서 하기란 어렵다. 집 가까이 도서관이 있다면 금상첨화고 아니더라도 산책하며 놀다 보면 도서관까지 도착할 수 있다. 도서관에 갈 환경이 안 된다고 푸념하는 동안 애는 훌쩍 커버린다. 어느 정도 큰 후에 갑자기 책을 읽는 것이 가

능할까. 아이도 당황해하며 엄마 갑자기 내게 왜 이러시냐고 사뿐하게 거절한다.

학교에 다니게 되는 순간 책 읽을 시간과 기회는 좀처럼 나지 않는다. 취학 전 책과 사이좋게 지낼 기회를 충분히 만들어줘야 한다. 기회는 저절로 오지 않는다. 만들어야 내 것이 된다. 꼭 키즈카페, 문화센터 간다고 친구 만들어지고 즐겁게 놀다 오는 거 아니다. 8살 주원이는 키즈카페 방문 횟수 손으로 꼽는다. 일부러 안 갔다. 친구 맘이 가자고 하면 피했다. 시간 지날수록 초조해지는 것도 싫고 이제 집에

가야 한다고 애랑 실랑이하는 건 더 싫었다. 돈도 돈이지만 한정된 장난감으로 놀게 되는 것도 마음에 들지 않았다. 최근 키즈카페 가게 된 1학년 주원이는 또래 친구들 시시해서 쳐다도 안보는 유치한 키즈카페 넋을 잃고 들어가 제일 즐겁게 놀다 나온다.

두 번째는 영어다.

외국어는 많이 들어야 익숙해지는 것이 당연하다. 기대를 내려놓고 듣든 말든 CD 항상 틀어놓고 무의식적으로 익숙하게 했다. TV 시청은 안 해도 영어 DVD는 매일 봤다. 누구나 알 만한 교육용 영어 DVD 종류별로 즐겁게 봤고 디즈니 영어 영화도 모조리 봤다. TV를 안 보기 때문에 영어지만 재미있게 느꼈던 것 같다.

돌 지나면서부터 영어 놀이북을 들였다. 놀이북을 아이의 시선이 닿는 곳에 두고 어떻게 노는지 살펴본다. 그러면서 한 권씩 가

져오면 그때 읽어주며 영어를 시작했다. 천천히 부담 없이 편안하게. 그림 한가득인 영어 보드북은 중고 구매해서 실컷 갖고 놀다가 읽어주고 같이 있는 CD 항상 틀어줬다. 영어책은 도서관 대출을 많이 했다. CD 듣기와 DVD 시청만으로 귀도 입도 트이게 된다. 아침에 일어나서 습관적으로 CD를 틀고 잘 때 CD를 끄게 되다가 생활의 일부가 되어버릴 때 즈음 애도 나도 모르게 어느새 영어로 대화하고 혼잣말하게 되는 신기한 경험을 하게 된다. 어릴 때부터 조금씩 시작하면 어떤 아이든 가능한 일이다. 한글 공부도 지겨울 판에 영어까지 공부로 해야 한다면 얼마나 싫을까.

공부로 느껴지는 순간을 아이들은 귀신같이 알아챈다. 온갖 다양한 콘텐츠로 가르쳐도 결국 공부인 것을 알게 된다. **영어는 속삭이듯 작고 길게 가야 한다. 그래서 학원보다 생활 속에서 느껴야 하고 그 안에서 서서히 스며들어 있는 듯 없는 듯해야 한다.** '안녕, 나 영어야.' 친한 척 아는 척 욕심내는 순간 애들은 싫어한다. 한글이 먼저냐 영어가 먼저냐 영양가 없는 고민으로 시간 낭비하지 말고 베드타임 스토리 시간에 한글책과 같은 비율로 영어책도 함께 읽어주면 된다. 영어는 마음먹을 필요도 힘들일 일도 아니다.

주원이가 영어를 얼마나 하는지 일반적인 확인이나 평가를 한다면 기대에 못 미칠 것 같다. 시작할 때부터 목표와 기준은 평가와

성과가 아니었다. 그래도 괜찮은 건 주원이가 영어를 부담 없이 여기기 때문이다. 영어 주변에서 망설이며 서성거리지 않는다. 영어를 싫어하지 않는 것만으로도 감사하다. 나는 그것이 앞으로 모든 배움에 있어 망설이지 않게 해주는 무기가 되어줄 것이라 믿는다.

세 번째는 자연이다.

도서관 중심으로 하루가 진행되다 보니 자연스럽게 도서관 주변 놀이터, 공터, 산책로에서 놀기 좋다. 충분히 책 보고 대출한 뒤, 근처 놀이터에서 놀고 공원에서 뛴다. 놀이터보다 개미 한 마리, 민들레에 관심이 있는 아이라 관찰하기 시작하면 더욱 재미있어진다. 도서관 뒤쪽 산책로 따라가며 솔방울이나 도토리 줍기 같은 미션 놀이도 즐겁고 벌레집을 발견하게 되면 관찰할 거리가 생겨 놀 거리는 갈수록 풍부해진다. 아파트 단지에서 벗어나 나무 아래 흙길을 걷는 것만으로도 좋다. 말없이 제대로 된 놀이 없이도 괜찮으니 아이와의 낭만을 즐기면 된다. 불어오는 바람조차 은혜롭다.

🌿 도서관 가는 길.

도서관 오고 가는 길이 지루하다면 쓰레기 줍기도 괜찮다. 나서기 전 비닐장갑과 봉투를 준비하면 된다. 눈에 불을 켜고 쓰레기 한 조각 발견하려는 아이의 의욕을 보게 될 것이다. 평소에 잘만 보이던 쓰레기가 그날따라 거의 없다. 쓰레기를 만들어줘야 하는 웃지 못할 상황이 발생할 수 있다.

아이와 함께하면 거의 다니는 길도 장소도 비슷하다. 집에서 우리 동네 지도를 그려보면 아이가 얼마나 관찰력이 있는지 어디에 관심을 두는지 알 수 있다. 집에서 출발하는 것부터 도서관에 도착하기까지 자주 다녔던 곳과 무슨 일이 있었는지 나누다 보면 이야기할 거리가 많아지고 아이 속마음도 알 수 있다.

🌿 비가 오면 길에 있는 달팽이를 찾으러 나간다.

🌿 비오는 날 자연을 보는 즐거움은 평소와 또 다른 느낌이다.

비록 아파트나 도서관 주변이지만 부지런하면 사계절을 충분히 즐길 수 있다. 계절 바뀔 때마다 함께 바뀌는 나무, 꽃과 풀, 온갖 곤충들…. 책 대출해서 찾아보고 확인해 보고 한 번 더 보고. 자연관찰은 보면서 배우는 것이 기억에 남는다. 날씨가 맑으면 그래서 좋고 흐리고 비가 오면 그래도 상관없었다. 내 아이와 자연으로 나가 느끼고 있으면 화냈던 일도 금방 사그라지고 걱정도 잊어버렸다. 울기 어렸던 마음 꺼내 햇볕을 쬐어본다.

사고하는 것을 훈련하는 것, 그것이 교육의 본질이다.

- 알베르트 아인슈타인 -

우리 아이 생활습관
정립하기

첫째, 공공기관 예절 지키기이다.

　사회성이 별건가? **사회성은 모든 상황에서 가르쳐야 한다.** 도서관에서, 식당에서, 마트에서, 병원에서. 공공장소에서 항상 주의를 시켜야 한다. 각 장소에서는 지켜야 할 예절이 있다. 들어가기 전에 미리 이야기해주고 약속하면 되는데 그것이 어렵다. 잔소리를 하라는 것이 아니라 마땅히 가르쳐야 할 것은 해야 한다는 것이다. 평소에 듣지도 못한 예절을 갑자기 도서관에서 운운한다. 부모는 민망하지만 아이는 거리낄 것이 없다. 부끄러움은 주변 사람들의 몫일 뿐. 제재하지 않으면 아이는 마음대로 해도 되는 줄 안다. 심지어 부모가 더욱 나서서 시끄럽게 하는 등 부끄러운 행동을 하는 경우도 봤다.

　마음대로 하는 아이에게는 마음대로 대하게 되는 법이다. 집에서 어떻게 생활하든 괜찮겠지만, **'공공기관에서 질서와 예절을 지키는 그 불편함을 참아낼 수 있느냐.'에서 배려하는 힘이 길러진다. 그것이 '사회성'이다.** 어른들이 자녀에게 가르쳐야 하는 것은 먼저 공부가 아니라 예절과 습관이다. 자유를 주지만 위험한 것과 타인에게 피해가 되는 행동은 하지 않도록 가르쳐야 한다.

나는 이런 부분에서 철저하려고 노력했다. 의식해도 좀처럼 되지 않는 부분이기도 하고 내가 부끄럽지 않으려고 그러기도 했다. 그런 꼴 보기 싫은데 내 자식이 그러는 건 더 싫으니까. 물론 생각만큼 되지 않는다. 하지만 애가 듣든 안 듣든 가르쳐야 할 것은 해야 하고 할 말은 해야 한다. 그것이 교육이라고 생각한다. 어렸을 때부터 가르치면 교육이지만 커서 가르치려니 잔소리로 받아들인다.

두 번째, 정리 정돈하기와 내 물건 관리하기이다.

내게 고쳐야 할 습관이 있다면 정리 정돈하기이다. 남편도 나와 비슷하게 겨루는 수준이다. 용도별로 나눠 보관하면 되는데 쓰고는 안 보이는 곳에 넣기 급급해서 집 물건은 여기저기 흩어져 있다. 정리는 어렵고 정리 후 유지하기 힘들다. 그래서 주원이에게 어려서부터 정리 정돈하는 습관을 가르쳐주고 싶었다. 정리 정돈은 자기관리라고 생각한다.

아이도 남편도 자기 물건을 내게 묻는다. 찾아달라 한다. 아줌마가 되고 내 정신 찾기도 버거운데 가족들 물건 찾기 달인이 되어버렸다. 청소 전 정리했던 스쳐 지나간 장난감 위치를 기억해 찾아내곤 한다. 잠자리에 들어가기 전 주 놀이터인 거실은 아이와 함께 정리한다. 나는 전체적인 거실을 정리하고 아이는 장난감을 정리한다. 그래야 내일 일어나면 기분 좋은 아침을 맞이할 수 있다. 처음에는 잔소리로 받아들여 귀찮아한다. 그러나 매일 반복하다 보면 시키지 않아도 저절로 정리하게 되는 순간이 온다. 그것을 유지하면 된다. 주원이는 자리잡혀 가는데 우리 부부가 안되는 것이 함정이다. 어려운 습관일수록 어렸을 때부터 가르쳐야 하는 이유가 여기 있다.

나는 이 나이 되도록 지갑이나 핸드폰을 잃어버린 적이 한 번도 없다. 사소하게 펜이나 물통 정도는 몇 번 있어도 중요한 물건은 몸 가까이 지니고 다닌다. 잃어버린 적은 없지만 내게 중요한 물건이 없어지거나 버려졌을 때 느끼는 좌절감과 후회가 얼마나 큰

지 잘 알고 있다. 그런 기분은 한 번이라도 느끼고 싶지 않다. 외출 시 주원이가 장난감이나 책을 가져가기 원하면 작은 가방을 메주고 관리하라고 책임을 준다. 책처럼 부피가 큰 것들은 내 가방에 담아 간다. 특별한 장난감이나 물건들은 아예 밖으로 가져가지 않는 것이 좋다. 잃어버리거나 망가지게 되는 순간 엄청난 후회와 가족 간 불화를 경험하게 된다.

사소해 보이는 습관 하나의 중요성을 깨닫게 된다면 우리는 인생을 겸손하게 살게 될 것이다. 아이에게 올바른 습관을 가르치는 것은 겸손함을 가르치는 것이다.

세 번째, 절제 가르치기다.

내가 놀란 것 중 하나는 5, 6살 정도 정도 아이가 게임을 아무렇지 않게 한다는 것이다. 저 아이에게 핸드폰이 왜 필요하며 어른처럼 게임할 정도로 핸드폰을 쥐여 준다는 것이 이해가 가지 않았다. 주원이 아가 시절 외식이 너무 하고 싶었다. 그러나 집에서도 식사 시간이 전쟁인데 나가서 마음 편히 먹을 순 없는 일이었다. 만화 동영상 틀어주며 피해 가지 않게 우아한 식사를 즐기고 싶었다. 그러나 문제는 식사 시간이 아니었다. 집에서 끊임없이 동영상을 요구했다. 아이들은 참으로 부모의 빈틈을 너무 잘 알고 있고 달콤하게 요구한다. 조금이라도 쉬고 싶어 EBS 교육방송 틀어줬다. 그 후로 매일 보게 되더라. 세상 편했다. 그러나 매체와 가까워질수록 책과 멀어졌다. 혼자 떠들며 잘도 놀았는데 자꾸 TV 보겠다 한다. 약속한 시간은 이미 저 기억 너머 사라지고 또 슬슬 애가 미워진다. 사실 아이는 아무 잘못 없다. 나 편하자고 잘 노는 애 더 잘 놀라고 TV 앞에 앉힌 것이 바로 나니까. 8살인 지금 평일에는 시간이 없어 볼 수 없고 주말에 보고 싶었던 영화나 동영상을 시청한다. 영화 끝나면 그걸로 끝. 아쉬운 마음에 조르기도 하지만 단호하게 커트해 버린다. 이렇게 되기까지 나의 고함과 잔소리, 눈물과 떼가 엉켜 쉽지 않은 시간을 경험했고 지금도 자주 겪는 일 중 하나이다.

여덟 살이면 많이 컸지만 다 큰 것은 아니다. 아직 부모의 보호가 필요하고 스스로 판단 가능한 고차원적 사고는 아닌 수준이다. 그런데 부모들은 아이들의 의견을 적극적으로 반영하여 원하는 학원 등록해주고 각종 기기, 스마트폰 쥐어 준다. 그래놓고 너는 또 게임이냐며 폭풍 잔소리에 걱정 바다를 이룬다. 학원이 왜 필요한지 고민 없이 등록했기에 하기 싫으면 쉽게 끊을 수 있고, 어른들도 조절하기 힘든 기기를 아이들이 컨트롤하기 바란다. 그래서 다른 집 아이들은 어느 정도 게임을 하는지 궁금해한다. 그것마저도 비교해서 위안을 얻고 싶은 건가.

백해무익한 것이면 시작하지 않는 것이 좋은 방법이다. 아무리 다짐하고 약속을 한다 해도 뜻대로 되지 않는 상황이 너무 많다.

야단치고 잔소리하는 데 시간과 감정을 낭비하기 싫다면 아예 시작도 하지 말아야 한다.

방과 후 아이들이 스마트폰을 들고 삼삼오오 모여 있다. 길목을 막아선 줄도 모르고 삼매경인 아이들이 깜찍하면서 한편으로 안쓰럽게 느껴진다. 언젠가는 주원이도 그들 중 하나일 수 있겠다. 막는다고 될 일은 아니니까. 그러나 일상에서 기기가 큰 비중을 차지하는 아이와 그렇지 않은 아이는 차원이 다르다. 기기를 바라보는 태도가 다르다. 요즘 아이들은 이른 나이부터 기기를 접한다. 물론 접하게 되는 상황은 어디에나 닿아 있다. 그렇다면 조절하는 능력도 함께 키워줘야 맞는 것 아닐까. 어린 시절부터 기기를 습득하기엔 좋은 책이 너무 많다. 아름다운 자연과 친구들도 옆에 있다. 그런데 우리는 여행 가서도 스마트폰을 놓지 못한다. 마치 여행이 쾌적한 환경에서 스마트폰을 사용하기 위해 제공된 것처럼 말이다.

절제는 어른이 되면 갑자기 할 수 있는 능력이 아니고 아가 시절부터 따독따독 가르쳐야 하는 습관이다. '이 정도는 괜찮겠지.' 하며 시작된 한 번 두 번은 생각만큼 괜찮지 않다. 내 아이의 생활을 지배하게 될 수도 있다. 한 번 두 번의 영향력은 사악하다. 영리한 부모는 타협하지 않는다. 부모가 적극적으로 개입해야 할 일들이 분명 있다. 이 부분을 놓치지 않았으면 좋겠다. 아이가 생활 습관을 정립하기란 결코 쉽지 않다. 좋은 생활습관이란 자신만의 스타일과 패턴을 만들어 가는 것이기 때문이다.

주원's 어록③ 2017.11.05

주원: 엄마는 나를 둘 키우고 있어.
      엄마 가슴에 내가 하나 더 있거든.

승자의 주머니 속에는 꿈이 있고,
패자의 주머니 속에는 욕심이 있다.

- 탈무드 -

책은 좋아
한글은 싫어

능력은 안 되고 책밖에 해줄 것이 없는데 전집을 꾸준히 들여놓기가 만만치 않았다. 이동도서를 이용하다가 도서관 개관하는 날부터 열심히 책을 대출했다. 집에 있는 책만으로는 한계가 있고 자극도 받기 위해 도서관은 절실했다. 가족 수만큼 대출증 만들어 꽉꽉 채워 대출한다.

차가 없는 나의 발이 되어준 바퀴 닳고 손때 묻은 장바구니 카트⋯. 천이 찢어지도록 끌고 다니다가 방수천으로 갈아탄 후 더 탄력이 붙었다. 장바구니 아니고 책 바구니였던 카트에 몇십 권 채워 도서관에서 집까지 팔이 빠지도록 날랐다. 책 한가득 싣고 간단히 장이라도 보는 날에  는 몇십 킬로의 장바구니와 가방을 메고 집으로 들어왔다. 그렇게 1년이 지나고 나니 동네 독서왕이 되어 있더라. 책이 없다고 한탄할 시간에 책이 있는 곳으로 달려가라. 지금 우리에게 필요한 것은 열정이다.

주원이는 책을 좋아한다. 말 을 빨리 배워서 책이 아닌 이 야기나 노래도 되는 대로 지껄 였다. 조용한 아이가 아니었 다. 책을 읽어주면 반들반들 유리 눈동자가 반짝이며 빛을

냈다. 온몸으로 책을 받아들이고 있음이 느껴졌다. 내용을 행동으 로 옮기기도 하고 혼자 다시 보곤 했다. 책을 잘 보니 다양한 책을 들이게 됐다. 그 나이에 괜찮은 책들을 중고로 구매하거나 선물받 아 읽혔다. 책을 많이 읽으면 한글을 저절로 깨칠 거라고 생각했다. 느긋한 마음으로 읽기만 했는데 도대체 이 아이는 한글에 관심이 없는 거다. 동네 한 바퀴 돌면 상가에 온통 한글이고 좋아하는 과 자도 한글인데 궁금함이 없다. 한글 카드, 한글 놀이, 한글 찍찍이, 한글 동영상, 한글 만화…. 수 없이 많은 한글 친구를 소개해 줬지 만, 관심 없어 끝까지 하지 못했다. 집 정리할 때 여기저기 박아 둔 퇴짜 맞은 한글 친구들이 나올 때마다 느껴지는 그 쓸쓸함이란….

5살 후반 되니 인내심에 한계가 오고 슬슬 조급증 발동한다. 한 가지 한글 배우기는 취향에 맞지 않을 수도 있어 출판사 별로 교재 구비해 놓고 시작했다. 처음은 정말 처음처럼 행복했는데 뒤로 갈 수록 애랑 나랑 덤 앤 더머를 찍고 있다. 나는 아이의 의견을 존중

하니까 한 달 정도 쉰 후 다시 시작해 본다. 하하하…. 입에서 불이 나오려는 걸 간신히 집어넣기를 반복하다 내가 드래곤이 되겠다 싶었다. 그리고 마음 비우고 쓰기 연습으로 진로 변경했다. 쓰기라도 해주는 걸 고마워해야 하나, 어찌 됐든 의자에 앉아있는 훈련을 하게 된 셈이니까 최대한 긍정적으로 생각하려 노력했다.

7살 겨울이 지나가고 입학식을 몇 달 앞둔 어느 날부터 쉬운 글자를 읽기 시작하는데 제법 잘 기억하고 어렵지 않은 받침도 읽어낸다. 그래…. 너는 늦게 터지는 타입인가 봐. 입학 후 몇 달이 지난 지금 가르쳐주지 않은 글씨도 읽어낸다. 줄줄 책을 읽는 수준은 아니어도 읽어낸다. 일찍부터 한글을 알았더라면 다독과 읽기 독립이 정립된 후 학교생활을 할 수 있었을 텐데 하는 아쉬움이 많이 남는다. 그러나 이제 주원이가 책을 좋아한다는 것만으로도 만족하며 감사할 수 있다. **좋아하는 그 무엇인가가 있고 그것을 꾸준히 한다는 것이 얼마나 행복한 일인지 알기 때문이다.**

자신은 할 수 없다고
생각하는 동안은
그것을 하기 싫다고 다짐하는 것이다.
그러므로 그것은 실행되지 않는 것이다.

– 바뤼흐 스피노자 –

미술 전공 엄마의
별거 없는 미술 교육

나는 어릴 적부터 그림 그리는 것이 좋았고 감각도 있는 편이어서 디자인이나 미술을 전공하고 싶었다. 그래서 입시 미술을 준비했고 대학에서 공부할수록 미술이 어려운 학문이라는 것을 알게 되었다.

영유아 시기 미술을 접하게 되는 것은 놀이를 통해서다. 미술은 일단 재료 준비, 공간 확보, 정리가 번거롭다. 그래서 엄마들은 집에서 직접 하려 하지 않는다. 마음 맞는 엄마들끼리 센터나 학원에서 하게 된다. 유아 수준에 맞춰진 놀이라는 이름의 미술 교육이다. 힘들게 공부한 나로서는 어디서부터 어디까지가 미술인지, 그것이 놀이와 어떤 관계인지 그 경계 사이에서 혼란스러웠다.

나는 주원이에게 미술을 가르치지 않았다. 알수록 모르는 세계를 모르는 것으로 인정했다. 나조차 모르는 것을 아이에게 가르칠 수 없었다. 교육이나 스킬로 가르칠 수 없는 부분을 아이들은 가지고 있는데 그것을 방해하고 싶지 않았다. 형식에 길들여진 그림보다 배운 적 없는 아이들 그림이 개인적으로 더 와 닿는다. 늘 마주하는 자연물이나 사물은 가르쳐 주지 않아도 아이들 눈높이에서 본 것, 생각한 것, 상상한 나름의 지식으로 그린다. 각자의 개성과 창의적인 생각이 담겨 있다. 그렇기에 미술은 잘하고 못하고의 문제가 아니다. 나는 아이가 그린 마치 고민 없이 한 번에 그려낸 듯한 다듬어지지 않은 대담한 선에서 수묵화의 선을 느낀다. 틀에 얽매이지 않은 순수한 형태를 보며 서양 명화에서 본 듯, 가까이 있는 진짜 미술을 느낀다. 미술관에서 느낀 그것과 비슷하면서도 다른 귀한 감동이다.

아이들의 생각이 담긴 그림은 순수함이 있다. 진솔한 내면이 있고 그 시기만이 표현할 수 있는 독특함이 있다. 그리고 커가면서 잃어버리고 잊어버린다. 내가 굳이 가르치려 하지 않는 이유다. 때로는 가르침보다 지켜봐 주는 것도 또 다른 배움이라는 생각이 든다.

🌿 4세. 우리 마을 그림지도

🌿 4세. 티라노사우르스 렉스의 조상

🌿 5살 때 그린 그림

🌿 6세. 공원

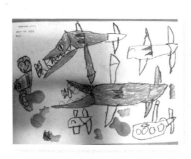

🌿 7세. 해마가 사는 바닷속 이야기

🌿 8세. 교회에서

밖으로 나갈 때마다
턱을 앞으로 당기고
머리를 꼿꼿이 세운 다음
숨을 크게 들이마셔라.
미소로 인사하고
악수를 할 때마다 정성을 다하라.
오해받을까 봐 두려워 말고
상대에 대해서 생각하느라고
단 1분 1초도 허비하지 마라.

– 앨버트 허바드 –

육아를 통해
내가 배운 것

오해는 하지 말았으면 한다. 요지는 유치원에 대한 이야기가 아니다. 진정 행복한 육아는 남 따라가는 것이 아니라 내 아이를 마주 볼 때 나온다는 것이다. 주원이의 기질은 우리 사회가 남자들에게 원하는 남자다움을 많이 갖고 있지 않다. 이미 남자로 태어났는데 뭘 얼마나 더 남자다워야 할까? 남자다움이란 대체 뭘까? 우리 부부는 강요하고 싶지 않다. 그래서 그것부터 도전이었는지 모르겠다.

'넌 남자니까 이렇게 해라.'가 아니라 '넌 이걸 좋아하니까 저거 해라.' 하는 부모가 되고 싶다.

멋진 남자란 약자를 돕고 겸손하며 책임감 있는 사람이라고 가르친다. 주원이는 겁이 많아서 다소 소심하게 보이기도 한다. 그래서인지 위험한 행동이나 걱정되는 일은 만들지 않았다. 외출 시 횡단보도에서 멈추고 자주 부모를 확인하고 멋대로 행동하는 일은 거의 없었다. 이런 부분들은 양육자 입장에서 감사한 일이다.

육아에서 부모가 아이의 장점을 알고 감사하게 되면 한결 행복할 수 있다. 남들은 단점이라 말하는데 부모가 장점으로 보려면 눈치 보지 않는 소신 있는 마인드, 교육관이 필요하다.

매일 육아가 힘들다면 어떻게 할 것인가 고민해야 한다. 내일도 나는 비슷한 일로 주원이에게 큰소리 낼지 모르지만(아마도 그렇겠지만) 절망하지 않는다. 주원이도 그렇다. 이것은 육아의 과정일 뿐 그 무엇도 아니다. 건강한 보석이 내 옆에 반짝반짝 빛나고 있다는 것을 알고 있다. 자녀는 하나님이 주신 큰 선물이 확실하다. 자녀로부터 깊은 분노와 한숨을 경험하는 동시에 한없는 행복과 힐링을 경험하기 때문이다.

나는 육아하며 엄마로서 삶을 살고 배운 것이 아니다. '나' 라는 한 인간으로서 주체적으로 사는 것을 가족과 아이를 통해 배우게 되었다.

자꾸 누군가를 의지하고 싶은 마음, 내 뜻대로 되지 않으면 불평, 불만이었던 내가 말이다. 만약 꿍상한 삶을 실게 되는 꿈을 꾸게 된다 할지라도 나는 다시 '엄마'이자 '나'로서 살고 싶다.

인생에 있어서 잘못 알고 있는 것 중의 하나는
현재가 결정적으로 중요한 시기가 아니라고 여기는 것이다.
매일 매일이 그해 최고의 날이라는 것을 마음속 깊숙이 새겨라.
돈만 많다고 잘사는 게 아니라,
바로 그날을 충실하게 즐기는 사람이 잘사는 사람이다.

– 에머슨 –

part 4

내 아이를
더욱
내 아이답게

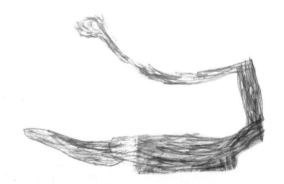

1

부모가 자녀에게
줄 수 있는
최고의 행복

첫 번째, 부부의 화목함이다.

다른 부부처럼 우리도 다툰다. 다툼에는 큰일, 작은 일이 없다. 기분에 따라 다투는 경우도 다반사다. 연애하면서 두 번을 다퉜다면 결혼하고 다섯 번을 다투고 아이가 생기면 열 번을 다툰다. 육아에 대한 생각이 다르고 이해가 되지 않으면 서로 설득하려 시작하다가 다툼으로 결론이 난다. 육아는 부부의 의견차이가 생길 수밖에 없다. 그만큼 아이가 소중하고 더 잘 키우고 싶은 부모의 마음 때문이다. 그렇다고 다툼이 정당화될 수 없다. 운전하는 것도 아니고 양보한다고 피할 수 있는 것도 아니다.

우리 부부의 경우 교육적 마인드를 같이 한다. 그러나 완전히 같을 수는 없다. 큰 틀은 같아도 그 안에 무수하게 많은 작은 가지들이

다른 방향으로 뻗어 있다. 보기 좋은 나무로 가꾸겠다고 가지 쳐서 다듬으려 하면 상처받는다. 가장 좋은 것은 '대화'하는 것이다. 설득은 도움 안 된다. 대화의 시작은 이야기다. 어떤 사소한 이야기든 상관없다. 다행히 우리는 서로 대화하는 것을 재미있어한다. 주변 사람들에 대한 가벼운 이야기, 오늘 하루 기억에 남았던 아이의 행동, 길거리에서 봤던 사람들, 마트에서 있었던 일 등등…. 중요한 이야기도 아닌데 끊임없이 이야기하다 보면 거슬렸던 남편의 행동이 이해되고 공감하게 되고 해결되는 경우가 많았다. 의견이 부딪혀 답답한 일이 있다면 정면으로 맞서지 말고 가벼운 이야기로 사태를 전환하며 기다려보는 것이 삶의 지혜다. 내가 고민하는 부분은 남편 역시 고민한다. 대화한다고 다툼이 없는 것은 아니다. 그러나 빈도수가 줄어들고 다툼이 있어도 곧 화해할 수 있게 된다.

같이 산 지 10년째.
퇴근 후 현관문을 밀며 들어오는 이 남자의 얼굴을 보며 느낀다.
'오늘도 사회생활하느라 힘들었구나.'
남편은 퀭한 내 얼굴을 보며 느낀다.
'오늘도 한판 했구나.'
말하지 않아도 구구절절 서로의 사정 알기에 사랑만큼 뜨겁고 딱한 동지애가 흐른다.

두 번째, 함께 있는 것이다.

우리나라 아동이 가족과 함께하는 시간은 하루 13분이라는 통계를 보았다. 행복의 조건은 화목한 가정이라고 답하면서도 함께하는 시간은 없는 것이 우리나라의 슬픈 현실이다. 유치원을 보내지 않은 이유 중 하나는 주원이와 많은 시간을 함께 있고 싶어서였다. 그러나 함께 있는 시간이 많다고 생각만큼 행복하고 즐거웠던 것은 아니었다. 그만큼 짜증도 냈고 많이 혼냈다. 그저 편하지만은 않았던 시간, 함께 보내면서 우리 식구들은 조금씩 둥글둥글해졌다. 자신의 목소리를 낮추려고 노력했다. 조금씩 누군가의 소리가 들려왔다. 미운 정이 들어 심술 맞은 세 사람이 차차 나아지고 있다. 함께 있는 것은 항상 행복을 의미하지 않는다는 것. **함께 있어서 미워지는 순간도 받아들이는 것이 '함께'의 진정한 의미라는 것을 배워나가고 있다.**

오늘이란 너무 평범한 날인 동시에
과거와 미래를 잇는 소중한 시간이다.

− 괴테 −

2
가족 간의
독특한
문화 만들기

우리 가족은 이른 식사를 마치고 대략 저녁 7시부터 독서를 시작한다. 주원이 아가 시절 사악하게 읽었던 『베드타임 스토리』가 지금은 저녁 책보기로 정착된 셈이다. 그때처럼 많은 책을 읽을 수는 없지만 각자 책을 읽는 재미가 있다. (겨우 한글 하나 알게 되었을 뿐인데) 혼자 책을 읽는 모습을 보면 그렇게 든든할 수가 없다. 학교에서 있었던 일들을 이야기하고 책 내용을 이야기하거나 그밖에 다양한 대화를 나눈다.

나는 이 시간을 만들기 위해 그토록 치열하게 책을 읽어주며 책과의 관계를 친구처럼 느끼게 하려고 애써 왔는지도 모르겠다.

가족이 책 하나씩 들고 책상에 앉아 있으면 밖과 다른 공기의 찰랑거림이 느껴진다.

언제나 반전은 존재한다. 이 시간이 늘 해피엔딩 동화처럼 예상되는 스토리가 있을 리 없다. 이것만 놀고 시작하겠다던 아이가 갑자기 졸려 한다. 저녁을 든든히 먹었는데 배고프다. 놀이 시간이 너무 적어서 하기 싫다고 한다. 엄마 입에서 큰소리를 들어야 눈물 빼고 시작하는 날이 허다하다. 거의 매일 다양한 이유가 있다. 역시 만만치 않다. 특별한 사교육 없는 우리 집이지만 양보할 수 없는 부분이 있다. 굳이 독서가 아니라도 일정 시간 의자에 앉아 무엇인가 집중하는 시간은 매일 보낸다. 이 시간이 학습으로 연결되든 놀이로 연결되든 한자리에서 버텨내는 것이 능력이라고 생각하기 때문이다. 짧은 시간이라도 자꾸 앉아야 한다. 앉아야 생각을 하고 집중을 한다. 이것이 습관으로 정착되어 익숙해지길 바란다. 우리 식구 건강히 책상에 둘러앉아 있으니 그걸로 됐다 싶다. 평범한 일상을 정리해주는 독서시간이 있어 일상이 다채롭다.

우리 가족은 대화를 즐겨 한다. 온갖 마음의 고백과 소리가 나오는 시간은 잠자리에 누웠을 때이다. 끝말잇기나 수수께끼로 시작될 때도 있고 주원이가 들려주는 이야기가 될 때도 있다. 요즘은 학교에서 일어난 이야기가 대부분이다. 자리에 누우면 갑자기 학교에서의 일들이 생각나는 것 같다. 낮에는 꺼내지 않는 힘들었거나 속상했던 일들을 이야기한다. 그건 주원이의 일상이라 들어주기만 한다. 그리고 기도하며 잠이 든다. 내가 기도해 줄 때도 있고 주원이가 할 때도 있다. 주원이의 기도에는 속마음이 그대로 드러나 있다. 사소한 일일지라도 들어주어야 하고 속상한 일을 겪었을 때는 그냥 위로해 준다. 듣다 보면 내가 더 속상한 경우가 종종 있다. 그럴 때 야단치거나 가르치려 하지 말고 다음에 이렇게 하면 좋을 것 같아 하고 넘어가야 앞으로 계속 이야기할 수 있다. 나름 말 못 할 사정이 있을 텐데 곧잘 마음을 이야기하는 아이가 고맙고 사랑스럽다.

주원's 어록④ 2018.05.10

주원: 엄마. 나를 더 혼내줘.
엄마: 왜?
주원: 선생님이 그러는데 엄마가 혼내는 건 나를 사랑하기 때문이래.

배움에서 가장 어려운 것은 배워야 한다는 것을 배우는 것이다.

– 칸트 –

아빠의
육아

엄마에게 딸이 필요하다는 말이 있는 것처럼 아빠에게 아들의 존재도 그러할까. 남편은 육아와 살림에 적극적으로 참여하는 사람은 아니다. 아내 대신 살림을 하고 아기를 돌보거나 맛있는 음식을 해주는 등…. 챙겨 주는 사람은 아니다. 아이가 생기고 집안 일이 버거워지면서 서운한 마음이 있었다.

우리는 약속을 했다. 서로 잘할 수 있는 것을 하자고. 경제적인 부분은 남편이 이끌어가고 집안 살림과 계획, 육아는 내 담당이다. 큰 그림을 그려야 할 경우 언제든지 상의하고 조율한다. 서로의 일이 다름을 인정하고 존중하려고 노력한다. 여기까지 오기 쉽지 않았고 앞으로도 갈 길이 멀다.

남편은 계획적이고 성실하며 책임감 있는 사람이라 배울 점이 많다. 직장 스트레스가 많을 텐데 집에 들어올 때는 항상 밝고 환하다. 그 스트레스를 티 내지 않는다. 어려운 일이 있을수록 차분해진다. 내게 없는 부분을 많이 가진 사람이다. 가장 존경하는 것은 쓸데없이 권위적이지 않아 주원이에게 아빠면서 친구 같은 사이로 지낸다. 나보다 사랑한다는 말과 스킨십을 더 많이 한다. 아빠로서의 권위를 지키면서 친구 같은 아빠가 되는 꽤 어려운 소망이 남편의 아빠상이다. 아빠들도 육아의 고단함을 알기에 차라리 일하는 게 낫다고 생각한다. 모든 아빠들은 피곤하다. 그럼에도 불구하고 함께 시간을 보내는 아빠가 있다. 그래서 엄마와 시간이 다른 아빠들은 밀도 있게 놀아주는 시간과 강도의 분배가 필요하다.

긴 시간은 아니지만 최선을 다해 놀아주는 아빠를 보며 그 마음을 아이들은 알게 된다. 가족애가 조금씩 생겨간다. 그래서 부모지만 자녀에게 위로받을 수 있고 배우기도 한다. 나는 그것이 '가족'이라고 생각한다.

남편의 열린 교육관과 확고한 신념은 시부모님으로부터 온 것 같다. 시부모님은 남편이 방황하던 젊은 시절 아들을 기다리는 쪽을 택하셨다. 걱정하며 잠 못 이루었겠지만, 아들의 선택을 지켜봐 주셨다. 자녀를 존중하는 마음, 신앙으로부터 나오는 신념이 아니었을까. 남편은 지금도 종종 그 이야기를 꺼내곤 한다.

남자아이다 보니 활동적인 놀이는 자연스레 아빠 몫이 된다. 자전거 타기, 공놀이, 숨바꼭질, 술래잡기, 달리기 시합, 축구, 야구, 싸우기 놀이 등 다양하다. 몸으로 부딪히다 보니 웃음으로 시작해 다툼으로 변질된다. 어느새 티격태격 누가 먼저 아프게 했고 반칙했다고 시비를 가리다가 서로 부당하다며 나름 논리를 펼쳐 본다. 듣는 내 입장은 어느 편도 들기 어렵다기보다 둘 다 비슷해서 거슬리기만 하는데…. 아들이 삐쳐 중단되거나 울며 가버리면 아빠는 기분이 좋지 않다. 그것조차 놀이인지 그것으로 종료된 건지 알 수 없는 상황에서 찜찜한 기분을 공유하게 된다. 그런 감정일 때 남편은 기다린다. 그것이 남편의 훈육법이다. 생각할 시간을 주면서 기다린다. 어느 정도 진정되었을 때 아이와 대화를 시작한다. 새로운 룰을 정하고 또 다른 놀이를 이어 나간다. '저럴 거면 왜 다투는 거야?' 나는 알 수 없는 우정이 꽃을 피운다. 오늘도 그들만의 이유 있는 몸 놀이가 계속된다.

나는 아빠와의 놀이를 통해 진정한 '성품'을 배운다고 생각한다. 승부를 내야 하는 냉정한 상황 속에서 규칙을 지키며 앞으로 나아가야 하는 사회라는 세계. '이기는 것만이 최고가 아님을 아는 성품'을 배운다.

사실 남편의 근무 환경이 아이와 놀아주고 함께 있어 주기 쉽지 않다. 주말에도 출근이 잦다. 야간 근무가 있는 날은 낮에 수면을 취해야 한다. 무조건 놀아줄 수 없다. 어릴 때는 설명해도 놀아 달라고 떼써서 내가 밖으로 데리고 다녔었다. 놀기 전에 설명하고 약속을 한다. 계속 놀아 줄 수 없고 아빠는 쉬고 출근해야 한다. 이런 과정을 통해 아빠의 상황을 이해하고 아빠의 일은 엄마와 다르다는 것도 자연스럽게 인식하게 되었다. 아빠가 힘든 상황에서도 자신과 놀아주려 애쓴다는 것을 주원이도 알고 있다.

엄마처럼 가까이 꼼꼼 세심하게 챙기지 않지만, 아빠에게는 따뜻함과 여유가 있다. 엄마에게 통하지 않는 많은 것들이 아빠와 함께라면 가능하다. 그 넉넉함이 아빠의 육아가 아닌가 생각한다. 아빠 육아란 엄마에게 없는 것을 채우는 것이 아니라 아빠만의 매력으로 아이를 양육하는 것이다. **평소에 무심한 듯 진한 초콜릿처럼 떨떠름하게 멀찍이서 지켜보다가 결정적인 순간에 다가와 넓은 가슴으로 달콤하게 품어주는 것이 아빠 육아다.**

나이 들었다는 것은
배우기에 가장 좋은 시기에 있다.

– 아이스킬로스 –

엄마는
아름답게 공부한다

주원이 아가 시절, 나는 그야말로 좀비였다. 언제 샴푸했는지 알 수 없는 질끈 묶은 머리, 겨우 세수한 얼굴, 다크서클만큼 늘어난 편한 옷, 모자 없이 외출 불가능한 몰골이었다. 아이가 예뻐질수록 나는 갈수록 좀비다워지는 중이었다. 돌까지 계속된 모유 수유 때문에 항상 허기져 있었고 빠른 시간에 식사하기 위해 라면이나 빵같이 간단한 음식을 먹는 날이 많아졌다. 그러다 체하는 날에는 아이고 뭐고 누워서 앓았다. 나는 나 자신의 상태를 몰랐다. 경조사 있는 어느 날 입고 갈 옷이 없는 것이 아니라 사이즈 맞는 어떤 옷도 없다는 것을 알았다. 한 벌짜리 옷을 샀는데 그것마저도 맞지 않았던 순간 그 우울함을 어떻게 표현해야 할까.

나는 이틀에 한 번 팩하고 화장 없이 마음에 드는 옷 없이 외출하지 않는 취향이 확고한 여자다. 20대까지 청바지 28 사이즈가 낙낙했던 키 170 모델 뺨은 아니어도 손등 정도 후려칠 수 있겠다고 생각했던 나다.

'나는 아이를 위해 여자이길 포기한 걸까?'

'아이가 날 이렇게 만들었나?'

'나는 무엇을 할 수 있을까?'

'내게 희망이 있나?'

일단 살이 쪄버리니 몸이 아팠고 무거운 컨디션과 우울함이 이루 말할 수가 없었다. 내가 건강하지 않으면 아이도 마찬가지라는 생각이 들었다. 애를 데리고 무작정 학교 운동장으로 나왔다. 아이는 자전거를 타거나 모래 놀이를 했고 나는 뛰었다. 나름대로 식단관리하며 거울 속 모습에 만족할 때까지 노력했다. 지금도 나는 상의 프리사이즈가 부담스럽고 바지 라지 사이즈의 키 크고 덩

치 있는 아줌마다. 여전히 다이어트 중이고 패션 뷰티에 관심이 많다. 결혼 전으로 돌아갈 수 없겠지만, 현재의 모습도 만족한다. 조급한 마음과 스트레스 없이 길게 보고 운동과 식단을 신경 쓰려 노력한다. 계획대로 잘되지 않지만, 부담을 버리고 건강함에 목적을 둔다.

골격 좋고 살집 있는 나는 그에 비해 기운 없고 약한 체력과 잔병을 자주 앓는다. 참으로 오해받기 좋은 비주얼로 살고 있다. 자주 앓다 보니 깨달았다. 가족의 건강이 곧 엄마의 건강이라는 것

을. 주마다 번갈아 가며 시작한 요가, 플라잉, 필라테스. 규칙적으로 무엇인가를 하는 것은 내가 단련되어가는 느낌을 받는다. 오금을 펴지 못해 쩔쩔매고 주말마다 '아이고, 아이고.' 했던 시작이 있었다. 내 몸의 주인은 누구인가? 그동안 움직여지는 대로 살아왔을 뿐, 에너지를 담아 곧은 자세를 배운다는 것이 이렇게 힘든 일인지 몰랐다. 그러나 뜻대로 되지 않아도 생각과 몸이 어제보다 단단해지면 족하다. 화보처럼 예쁘게 집중하고 싶은데 따라가기 바빠 다른 것 생각할 겨를이 없다. 내 몸 하나 제어할 수 없다는 것에 겸손을 배운다.

생각보다 다이어트 성과가 없더라도 점점 날씬해지는 기분이 든다면 잘하고 있다고 생각한다. 매일 입던 속옷이 이상하게 불편하다 느낄 때, 자주 입던 옷이 평소보다 딱 맞는다고 느낄 때 이미 신호가 온 것이니 마음을 타이트하게 먹어야 한다. **집에서는 항상 붙는 옷을 입고 있어야 조금이라도 살이 쪘음을 알아차릴 수 있다. 편한 옷은 운동할 때 입는 거다. 날씬한 기분을 가져가야 다이어트 의욕이 생긴다.**

매일 장착하던 운동복, 레깅스를 탈피하고 청바지를 입은 순간
무릎을 통과해 아슬아슬하게 허벅지부터 점점 조여오는 이 황당
함….

'뭐야?'

'이거 새 바지 아닌데?'

'세탁한 거 아니고 입던 건데?'

있는 청바지 다 꺼내 대충 맞는 거 골라 우기고 우겨서 단추 잠
근 후 우울하게 문밖을 나선다. 크게 웃거나 숨 한번 마셨다가는
단추가 튕겨 나갈 지경이다. 그때부터 밀려드는 온갖 종류의 짜증
이 나를 지배하는데 더는 이런 기분을 매일 느껴서는 안 되겠다는
생각이 들었다. 그 짜증이 나를 넘어 아이한테 넘어가는 내 모습
을 보는 순간 난 왜 이리 못난 걸까…. 무너지고 또 무너지고.

'왜 나는 자주 무너지는가?'

'혹시 내가 이런 상황을 만들고 있지 않은가?'

'너 키우느라 내가 이렇게 됐어.'라고 말하고 싶지 않았다. '엄마
니까 희생해야 하고 챙겨줘야 해서 나를 관리하지 못했어.'라고
못난 말 하고 싶지 않았다. 이건 그냥 내 부주의다. 나는 자주 주
원이에게 뚱뚱하다는 이야기를 듣는다. 내게 이런 말을 할 수 있
는 유일한 존재이다. 기분 나쁘지만, 굳이 부정하지 않는다. 그때

마다 조금씩 더 날씬해지겠노라고 다짐하면 그만이다. 아가 시절 전쟁처럼 주원이를 키웠기에 어느 정도 크고 나니 내게 관심이 생길 만도 했다. 자녀가 손이 많이 가지 않는 연령대에 접어들었다면 이제 엄마 자신을 위해 애써도 괜찮지 않을까. 유행에 민감하지 않지만(솔직히 유행하는 옷들은 사이즈가 맞지 않는다.) 내게 주어진 한도 내에서 관리한다. 비타민과 유산균을 매일 챙기고 선크림을 빼먹지 말자. 마트에서 3,500원짜리 무는 망설여져도 4,500원짜리 커피는 망설임이 없다. 나는 무엇이 중한 사람인가, 엄마가 덜된 건가? 내 정체는 무엇인가?

아이가 멋있다고 하는 엄마가 되고 싶지만, 내가 생각했을 때 더 멋진 엄마가 되고 싶다. 내가 고집하는 것은 아줌마다운 아름다움, 시선을 위해 날씬할 필요 없는, 누가 뭐라 해도 주눅 들지 않는 당당한 나만의 기준이다.

주원's 에피소드 ③

주원: 엄마, 엄만 왜 뚱뚱해?
엄마: 응~ 원래 아기 낳은 아줌마들은 그래.
주원: 근데 ○○ 엄마도 아줌마지만 날씬한데 왜 그런 거야?
엄마: …. 응~. 그런 사람도 있고 안 그런 사람도 있어….
주원: 엄마, 뚱뚱하다 생각하면 정말 뚱뚱한 거야.

평생 공부해야 하는 시대를 맞이했는데 아이 키우는 엄마들은 왜 공부하지 않는가? 자녀의 공부가 곧 내 공부인가? 배우지 않으면 내가 가지고 있는 지식과 경험들이 그대로 있는 것이 아니라 점차 감소한다. 아이들은 가장 가까운 사람의 모습을 배운다. 그래서 부모의 직업이 아이들에게 영향을 미친다고 한다. 배움이 나의 전공이어도 좋고, 새로운 것이어도 좋다.

무엇인가를 배운다는 마음 자체가 일상생활에 활력과 에너지를 준다. 좋은 에너지가 가족과 주변 사람들에게 흘러간다.

아이에게 잔소리하지 말고 손에 스마트폰 대신 책을 들어야 한다. 아이가 책 읽기 원하면서 부모는 왜 읽지 않는가?

나는 폭풍이
두렵지 않다.
나의 배로
항해하는 법을
배우고 있으니까.

– 헬렌 켈러 –

육아에
정답은 있다

1년 정도 친정집에 살며 워킹맘이었던 시절이 있었다. 간절한 맘으로 취업했고 다시 경력 단절되지 않으려 애썼다. 아이는 4살, 작지도 크지도 않은 엄마로서 사회생활하기 적합한 시기라고 생각했지 더 깊은 사랑이 필요한 나이라고 생각하지 못했다. 어린이집 첫 등원하면서 닫히는 문틈으로 조금이라도 엄마 얼굴 보려고 서 있는 아이의 모습이 아직도 기억난다. 아이를 등지고 초 재가 며 출근 시간이 더 걱정인 나는 워킹맘이었다. 매일 아침 전쟁하 듯 등원과 출근 준비를 하면서 하루 이틀 지나갔다. 우리가 떨어져 있는 시간만큼 더 힘차고 알차게 놀아주려 했지만, 생각만큼 되지 않았다.

어느 날 아이가 아빠한테 말했다. 자신이 어린이집을 가지 않으면 엄마와 할머니가 힘들다고. 갑자기 뒤통수를 맞은 듯했다. 가슴이 먹먹해졌다. 우리 아이가 천덕꾸러기가 되어가고 있는 것 같았다. 무엇을 위해 이렇게 해왔던 걸까. 아이와 떨어져 있던 잠깐의 시간 난 워킹우먼이었을까 워킹맘이었을까. 그해 가을 아이는 두 번째 입원을 했고 나도 아프기 시작했다. 가족 누구도 행복하지 않앉다. 남편과 많은 이야기를 했다. 마침내 정답은 아이에게 있음을 깨닫고 우리 집으로 돌아왔다. 당시 그 결정에 걱정과 미련이 남았지만, 시간이 지날수록 행복한 결정이었음을 알게 되었다.

많은 엄마들이 육아는 정답이 없다고 말한다. 정말 그런 걸까. 정답이 없다고 하면 어디로 가야 하는 건가. 그렇게 하면 모두가 나아지고 있는 걸까 그것으로 충분히 위로가 될까. 그러나 육아에 정답 없다고 되는대로 주먹구구로 키우는 사람이 있는가 하면 소신을 가지고 나아가는 엄마도 있다. 흔들리는 상황은 마찬가지지만 그것을 대하는 태도는 다를 수밖에 없다. 중요한 것은 엄마들의 마인드가 아이들에게 많은 영향을 미친다는 것이다. 엄마가 소신이 있어야 아이는 흔들림을 반복하다 다시 제자리를 찾을 수 있다. 우리만의 기준을 가지려고 수없는 시행착오를 거쳐 여기까지 왔고 지금도 가는 중이다. 정답을 찾기 위해 당연히 거쳐야 할 과정이라고 생각했다. 정답 없다고 생각하는 이유는 기준을 타인에게 두었기 때문이라고 생각한다. 육아함에 옳고 그름은 없으나 정답은 있다고 생각한다. 그래서 혼란 속에서 중심 잡을 수 있었고 흔들리다 곧 돌아왔다. 이것은 오롯한 나의 경험이다. 성화에 못 이겨 탐탁지 않은 놀이 함께하며 놀다가 마주친 아이의 행복한 눈빛에 정답이 있다.

그럼에도 불구하고 나는 여전히 육아가 힘들다. 주원이의 한글은 아직 미완성인 데다 셈에 서투르고, 착함을 뛰어넘어 지구인 같지 않은 주원이가 답답하다. 내 기준에 말 같지 않은 이야기로 나를 설득하다 떼쓰고 울어버리는 아이를 보면 한숨만 나온다. 내가 이 꼴을 보려고 그렇게 힘들었나 싶다. 혼나고 화나고 짜증 나도 주원이는 너무 행복하단다. 그렇게 투명한 표정으로 세속적이고 계산적인 나를 움직이게 한다.

엄마가 나보다 오래 살았지만 그렇게 사는 것이 아니라며 그건 우리가 나아갈 방향이 아니라며 온몸으로 말한다.
'알아, 주원아….
엄마도 아는데 당장 내 앞에 일을 해결하기가 급급해. 오늘을 살아내야 내일이 오거든.'
미안한 마음과 기특한 마음을 버무려 변명해 본다.
아이의 마음을 알기에 내 마음이 어렵다.

나의 삶은 이전과 다를 바 없고 아가 시절 고민과 다른 형태의 고민이 존재하는 여전한 육아의 중심에 있다. 생각해보니 내 맘 같지 않아 울며 시작했던 육아가 내 맘대로 되지 않아 오히려 감사하다. 예전보다 육아가 수월해서, 내가 성숙해져서가 아니다. 주원이가 선명히 여기 내 옆에 있기 때문이다. 그렇게 혼나고 울면서 말도 안 되게 맑게 웃고 있기 때문이다.

지금까지 나를 이끌어온 힘은 잘하겠다는 마음보다 마이웨이(주원이답게, 우리 가족답게)의 마인드였다. 사랑하기, 존중하기, 기다리기 하며 많이 후회하고 다짐할 것이다. 그것이 우리를 발전시킬 것이라 믿는다.

편한 사람보다 편안한 사람,
멋진 사람보다 멋스러운 사람,
생각이 많은 사람보다 생각하는 사람이 되기 위해 살고 싶다.